Akshya kumar Mishra

A Biologia e o Além do Amor: Um guia completo para compreender

Akshya kumar Mishra

A Biologia e o Além do Amor: Um guia completo para compreender

biologia psicologia

ScienciaScripts

Cover image: www.ingimage.com

This book is a translation from the original published under ISBN 978-620-8-01313-4.

Publisher:
Sciencia Scripts
is a trademark of
Dodo Books Indian Ocean Ltd. and OmniScriptum S.R.L publishing group

120 High Road, East Finchley, London, N2 9ED, United Kingdom
Str. Armeneasca 28/1, office 1, Chisinau MD-2012, Republic of Moldova, Europe
Printed at: see last page
ISBN: 978-620-8-15284-0

A Biologia e o Além do Amor: Um guia completo para compreender o afeto em todas as disciplinas

Por-Akshya Kumar Mishra

Prefácio

O amor, uma emoção tão profunda quanto esquiva, tem intrigado a humanidade há milénios. É uma força que transcende culturas, disciplinas e fronteiras, influenciando quase todos os aspectos da experiência humana. Este livro, *The Biology and Beyond of Love: A Comprehensive Guide to Understanding Affection Across Disciplines*, procura desvendar as complexidades do amor através de uma lente interdisciplinar, fazendo a ponte entre a biologia, a psicologia, a sociologia e muito mais.

A viagem através deste livro começa com uma exploração do conceito de amor, examinando a sua natureza fundamental e as várias formas como é entendido em diferentes culturas e períodos históricos. À medida que nos aprofundamos, exploramos perspectivas evolutivas que lançam luz sobre os imperativos biológicos que impulsionam os nossos comportamentos afectuosos, juntamente com fundamentos neurobiológicos que revelam como o amor se manifesta no cérebro.

As influências genéticas e as teorias psicológicas oferecem novas perspectivas sobre a natureza do amor, enquanto as variações culturais realçam a forma como o amor é vivido de forma diferente nas diferentes sociedades. O livro aborda também o profundo impacto do amor na saúde e no bem-estar, bem como a intrincada dinâmica do amor e dos laços sociais.

Para além destes tópicos centrais, investigamos a intersecção do amor e da sexualidade, as abordagens metodológicas utilizadas no estudo do amor e os avanços nos instrumentos biomédicos que revolucionaram a investigação sobre o amor. Os capítulos sobre a intersecção entre a biologia molecular e a farmácia fornecem um vislumbre do futuro da investigação sobre o amor, incluindo o papel dos químicos do amor no desenvolvimento de medicamentos e as perturbações mentais associadas ao amor.

As considerações éticas são fundamentais em qualquer investigação que envolva emoções humanas, e este livro não se coíbe de abordar os desafios e as responsabilidades que advêm do estudo de um assunto tão profundamente pessoal. São também explorados os desenvolvimentos recentes e as direcções futuras da investigação sobre o amor, oferecendo uma visão abrangente do rumo que este campo está a tomar.

Particularmente notável é a análise do *Kamasutra* e a sua influência nas práticas amorosas modernas, fornecendo contexto histórico e relevância contemporânea a um dos textos mais famosos sobre o amor e a sexualidade.

Este livro é o resultado das contribuições de vários especialistas que dedicaram as suas carreiras a compreender a natureza multifacetada do amor. As suas ideias e investigações fornecem uma rica tapeçaria de conhecimentos que é simultaneamente esclarecedora e estimulante.

Esperamos que os leitores considerem este livro um recurso valioso, quer sejam académicos, profissionais ou simplesmente indivíduos curiosos que procuram uma compreensão mais profunda de uma das experiências mais universais e profundas da vida. O amor é um fenómeno complexo e multifacetado, e este guia pretende fornecer uma visão abrangente que capte a sua essência em todas as disciplinas.

Bem-vindo a uma viagem através da biologia e para além do amor.

Capítulo 1 - Uma exploração do conceito de amor

1. Introdução

O amor engloba uma variedade de emoções e comportamentos relacionados com o afeto, a ligação e o cuidado, o que o torna um conceito complexo. Envolve ligações emocionais profundas e pode ser expresso em diferentes tipos de relações, como as românticas, familiares e platónicas (Sternberg, 1986). A compreensão do amor tem mudado ao longo do tempo e difere muito entre culturas. Várias interpretações do amor podem ser encontradas em textos históricos e práticas culturais, reflectindo a sua influência nas normas sociais e nas relações pessoais (Platão, 2008; Brown, 2014).

2. Aspectos psicológicos e biológicos do amor

A presença do amor afecta a saúde mental e o bem-estar físico. Do ponto de vista emocional, o amor desempenha um papel na manutenção da estabilidade e na promoção da felicidade. Do ponto de vista biológico, está associado à secreção de hormonas como a oxitocina e a dopamina, que promovem a ligação e a sensação de prazer (Cohen & Wills, 1985; Fisher, 1998).

3. Tipos de amor

O amor romântico engloba a proximidade emocional e física, a paixão intensa e um forte compromisso com a relação. Este tipo de amor é definido por uma ligação emocional poderosa e um desejo de criar um vínculo duradouro com o parceiro (Sternberg, 1986). O amor familiar diz respeito às ligações entre os membros da família, caracterizado por um apoio e responsabilidade inabaláveis. Desempenha um papel fundamental no crescimento pessoal e na estabilidade emocional (Bowlby, 1969). O amor platónico designa uma afeição e uma ligação profunda e não romântica entre amigos. É marcado pelo respeito mútuo e pela assistência sem qualquer envolvimento físico ou romântico (Halverson et al., 2005).

4. A filosofia do amor

Os filósofos antigos, como Platão e Aristóteles, debruçaram-se sobre o conceito de amor como um aspeto fundamental da existência humana. Na sua obra "Simpósio", Platão retrata o amor como a busca da beleza e da verdade, enquanto Aristóteles aborda o amor em termos de amizade e virtude (Platão, 2008; Aristóteles, 2009).

As perspectivas filosóficas modernas sobre o amor abrangem uma série de pontos de vista, incluindo o existencialismo e a teoria feminista. Os debates actuais centram-se na essência do amor, nas suas implicações éticas e no seu impacto na identidade pessoal (Singer, 2004; Nussbaum, 2011).

5. O amor na literatura e nas artes

O amor tem sido um tema proeminente na literatura e nas expressões artísticas, servindo de inspiração para criações de vários géneros e períodos de tempo. Obras que vão desde os dramas de Shakespeare até aos romances modernos debruçam-se sobre a natureza intrincada do amor e a sua profunda influência na existência humana (Shakespeare, 1997; Woolf, 1927).

6. **Amor e ética**
    - As considerações éticas no amor envolvem questões de moralidade, consentimento e responsabilidade. Os debates filosóficos abordam a forma como o amor deve ser expresso eticamente e o impacto do amor nos valores pessoais e sociais (Kant, 1785; Rawls, 1971).
7. **A evolução do amor na era digital**
    - A era digital transformou a forma como o amor é vivido e expresso, com os encontros em linha e as redes sociais a moldarem as interações românticas e sociais. Estas mudanças levantam questões sobre a autenticidade, a privacidade e a natureza das relações num contexto digital (Turkle, 2011; Marwick, 2013).
8. **Amor e bem-estar**
    - A presença de amor e de relações de apoio está associada a uma melhor saúde mental e física. O amor aumenta a estabilidade emocional, reduz o stress e contribui para o bem-estar geral (Cohen & Wills, 1985; Diener et al., 2000).
9. **Conclusão**
    - O conceito de amor é complexo e multifacetado, abrangendo várias formas e influências nas dimensões psicológica, filosófica e cultural. Compreender o amor nas suas diversas formas enriquece a nossa apreciação das relações humanas e do bem-estar pessoal.

Referências

1. Sternberg, R. J. (1986). *A triangular theory of love*. Psychological Review, 93(2), 119-135.
2. Platão. (2008). *Simpósio* (R. Waterfield, Trans.). Oxford University Press.
3. Brown, P. (2014). *O poder do amor: A historical and cultural exploration*. Cambridge University Press.
4. Cohen, S., & Wills, T. A. (1985). *Stress, social support, and the buffering hypothesis*. Psychological Bulletin, 98(2), 310-357.
5. Fisher, H. (1998). *Lust, attraction, and attachment in mammalian reproduction*. Human Nature, 9(1), 23-52.
6. Bowlby, J. (1969). *Attachment and Loss: Vol. 1. Attachment*. Basic Books.
7. Halverson, C. F., Jr., Kohnstamm, G. A., & Martin, R. P. (2005). *A estrutura em desenvolvimento do temperamento e da personalidade desde a infância até à idade adulta*. Psychology Press.
8. Aristóteles. (2009). *Nicomachean Ethics* (W. D. Ross, Trans.). Oxford University Press.
9. Singer, I. (2004). *A natureza do amor: De Platão a Lutero*. University of Chicago Press.
10. Nussbaum, M. C. (2011). *A terapia do desejo: Teoria e prática na ética helenística*. Princeton University Press.

11. Shakespeare, W. (1997). *The complete works* (S. Wells & G. Taylor, Eds.). Oxford University Press.
12. Woolf, V. (1927). *To the lighthouse*. Hogarth Press.
13. Kant, I. (1785). *Groundwork of the Metaphysics of Morals* (H. J. Paton, Trans.). Harper & Row.
14. Rawls, J. (1971). *A theory of justice*. Harvard University Press.
15. Turkle, S. (2011). *Alone together: Why we expect more from technology and less from each other [Por que esperamos mais da tecnologia e menos uns dos outros*]. Basic Books.
16. Marwick, A. E. (2013). *Status update: Celebrity, publicity, and branding in the social media age*. Imprensa da Universidade de Yale.
17. Diener, E., Suh, E. M., Lucas, R. E., & Smith, H. L. (2000). *Subjective well-being: Three decades of progress*. Psychological Bulletin, 125(2), 276-302.

Capítulo-2 Perspectivas evolutivas do amor

1. **Introdução à Psicologia Evolutiva**
   - **Princípios e conceitos básicos**: A psicologia evolutiva examina a forma como os processos evolutivos moldaram o comportamento e a cognição humanos. Postula que muitos aspectos da psicologia humana, incluindo o amor, são adaptações que evoluíram para aumentar o sucesso reprodutivo e a sobrevivência. Os princípios-chave incluem a perspetiva adaptacionista, que vê os traços psicológicos como soluções evoluídas para problemas ancestrais (Barkow, Cosmides, & Tooby, 1992).
2. **A evolução do amor**
   - **Seleção e atração de parceiros**: De uma perspetiva evolutiva, a seleção e a atração de parceiros são motivadas pela necessidade de otimizar o sucesso reprodutivo. Caraterísticas como a atratividade física, a saúde e o estatuto social são valorizadas porque indicam a qualidade genética e a capacidade de aquisição de recursos. A investigação de Buss (1989) salienta que tanto os homens como as mulheres procuram caraterísticas em potenciais parceiros que aumentem o sucesso reprodutivo e a viabilidade da descendência.
   - **Teoria do investimento parental**: A teoria do investimento parental, proposta por Trivers (1972), explica que o nível de investimento que se faz na descendência afecta as estratégias de acasalamento e a dinâmica das relações. Nas espécies em que um sexo investe mais na descendência (por exemplo, as fêmeas em muitos mamíferos), o outro sexo (por exemplo, os machos) compete mais intensamente pelo acesso ao sexo investidor. Esta teoria ajuda a explicar as diferenças nos comportamentos e preferências de acasalamento entre os sexos.
3. **Mecanismos biológicos do amor**
   - **Neurobiologia do amor**: A neurobiologia do amor envolve interações complexas entre os sistemas cerebrais e as hormonas. O amor ativa regiões cerebrais associadas à recompensa, à ligação e à emoção, como a área tegmental ventral (VTA) e o núcleo caudado. Neurotransmissores como a dopamina e a oxitocina desempenham papéis cruciais na ligação e no afeto. Estudos efectuados por Fisher et al. (2005) ilustram a forma como estes sistemas neuroquímicos apoiam a formação e a manutenção de laços românticos.
4. **Funções adaptativas do amor**
   - **Ligação social e cooperação**: O amor tem funções adaptativas que reforçam os laços sociais e a cooperação. As ligações emocionais promovem a coesão do grupo e o apoio mútuo, que são cruciais para a sobrevivência e o sucesso reprodutivo. A formação de laços entre pares e unidades familiares facilita a cooperação entre pais e partilha de recursos, contribuindo para o sucesso da criação dos filhos (Wilson & Sober, 1994).
5. **Conclusão e direcções futuras**
   - A perspetiva evolutiva do amor fornece informações valiosas sobre as origens e as funções dos comportamentos românticos e sociais humanos. A investigação futura poderá explorar a forma como as mudanças ambientais modernas influenciam os mecanismos adaptativos tradicionais e como as teorias evolutivas se aplicam a diversos contextos culturais e tipos de relações. Uma investigação interdisciplinar contínua que combine

a psicologia evolutiva com a genética, a neurobiologia e a sociologia pode elucidar melhor as complexidades do amor (Nesse & Williams, 1994).

Referências

1. Barkow, J. H., Cosmides, L., & Tooby, J. (1992). *A mente adaptada: Evolutionary psychology and the generation of culture.* Oxford University Press.
2. Buss, D. M. (1989). *Sex differences in human mate preferences: Evolutionary hypotheses tested in 37 cultures.* Behavioral and Brain Sciences, 12(1), 1-49.
3. Trivers, R. L. (1972). *Parental investment and sexual selection.* Em B. Campbell (Ed.), *Sexual selection and the descent of man* (pp. 136-179). Aldine.
4. Fisher, H., Aron, A., & Brown, L. L. (2005). *Romantic love: Um estudo fMRI de um mecanismo neural para a escolha do parceiro.* Journal of Comparative Neurology, 493(1), 58-62.
5. Wilson, D. S., & Sober, E. (1994). *Reintrodução da seleção de grupo nas ciências do comportamento humano.* Behavioral and Brain Sciences, 17(4), 585-654.
6. Nesse, R. M., & Williams, G. C. (1994). *Porque é que ficamos doentes: A nova ciência da medicina darwiniana.* Times Books.

Capítulo 3. Fundamentos neurobiológicos do amor

1. Introdução ao estudo neurobiológico do amor O amor, uma emoção complexa e multifacetada, tem intrigado académicos de várias disciplinas durante séculos. O estudo neurobiológico do amor procura desvendar os mecanismos cerebrais subjacentes, as substâncias neuroquímicas e os factores evolutivos que contribuem para esta profunda experiência humana. Os recentes avanços da neurociência permitiram aprofundar o conhecimento sobre a forma como o amor influencia o comportamento humano, a cognição e a saúde mental.

2. Perspectivas evolutivas do amor

2.1.
O papel do amor na evolução humana

O amor tem desempenhado um papel crucial na evolução humana, promovendo os laços sociais, a cooperação e a reprodução. Numa perspetiva evolutiva, o amor romântico reforça a ligação entre pares, que é vital para a criação da descendência, enquanto o amor parental assegura a sobrevivência e o bem-estar da geração seguinte (Fisher, 2006). O significado evolutivo do amor é evidente na forma como promove a ligação, conduzindo a estruturas familiares estáveis que apoiam a sobrevivência da espécie.

3. Neuroanatomia do amor

3.1. Principais regiões cerebrais envolvidas no amor

Várias regiões cerebrais são activadas durante a experiência do amor, incluindo a área tegmental ventral (VTA), o núcleo caudado e o putamen. Estas áreas estão associadas ao sistema de recompensa do cérebro, indicando que o amor desencadeia a libertação de dopamina, um neurotransmissor ligado ao prazer e à motivação (Aron et al., 2005). A ínsula e o córtex cingulado anterior também estão envolvidos, evidenciando as componentes emocionais e cognitivas do amor.

4. Bases neuroquímicas do amor

4.1.
A oxitocina e a vas**opressina no amor**

A oxitocina e a vasopressina são neuropeptídeos que desempenham um papel significativo na formação e manutenção de laços sociais, incluindo o amor romântico e parental. A oxitocina, muitas vezes referida como a "hormona do amor", é libertada durante o toque físico, a atividade sexual e o parto, promovendo sentimentos de ligação e confiança (Carter, 2014). A vasopressina, por outro lado, está associada a relações monogâmicas de longo prazo e a comportamentos protectores (Young & Wang, 2004).

5. Estudos de neuroimagem sobre o amor

5.1. Resultados da Ressonância Magnética Funcional (fMRI)

Os estudos de neuroimagem com fMRI forneceram provas visuais da atividade cerebral durante as experiências amorosas. A investigação demonstrou que o amor romântico ativa as mesmas regiões cerebrais que a dependência, sugerindo que o amor pode ser uma experiência intensa e gratificante que partilha vias neurais com outras actividades prazerosas (Ortigue et al., 2010). Além disso, estes estudos identificaram diferenças nos padrões de ativação cerebral entre o amor romântico, o amor maternal e a amizade.

6. A genética e o amor

6.1. A influência das variações genéticas no amor

Os factores genéticos contribuem para as diferenças individuais na experiência e expressão do amor. As variações nos genes relacionados com o recetor da oxitocina (OXTR) têm sido associadas a diferenças nos estilos de vinculação e nos comportamentos de vinculação social (Gillath et al., 2008). Estudos sugerem que estas diferenças genéticas podem influenciar a forma como as pessoas formam e mantêm relações românticas, bem como a sua capacidade de empatia e altruísmo.

7. Aspectos desenvolvimentais do amor

7.1. Amor Parental e Filial

O amor parental, que é crucial para o desenvolvimento de uma vinculação segura nas crianças, molda a capacidade de amar de um indivíduo mais tarde na vida. Os primeiros laços formados com os cuidadores influenciam a regulação emocional, a competência social e a capacidade de formar relações românticas saudáveis (Bowlby, 1982). O amor filial, o amor que as crianças têm pelos seus pais, também desempenha um papel no desenvolvimento de competências sociais e emocionais.

8. O impacto do amor na saúde mental

8.1.

O amor **e a regulação do stress**

O amor tem um impacto profundo na saúde mental, particularmente na sua capacidade de regular o stress. As relações positivas e de apoio podem amortecer os efeitos do stress, reduzindo os níveis de cortisol e aumentando a resiliência psicológica (Coan et al., 2006). Por outro lado, a ausência ou perda de amor pode levar a um aumento do stress, da ansiedade e da depressão, o que realça a importância do amor na manutenção do bem-estar mental.

9. Amor e teoria da vinculação

9.1.

A teoria da vinculação, originalmente desenvolvida por John Bowlby, descreve como as relações precoces com os cuidadores influenciam os padrões de vinculação nas relações românticas adultas. A vinculação segura é caracterizada pela confiança e intimidade, enquanto a vinculação ansiosa envolve o medo do abandono e a vinculação evitante reflecte o desconforto com a proximidade (Hazan & Shaver, 1987). Estes estilos de vinculação estão ligados a diferentes padrões de atividade cerebral e respostas neuroquímicas no amor romântico.

10. Perspectivas transculturais do amor

10.1. Variações nas Expressões de Amor entre Culturas

As expressões de amor variam significativamente entre culturas, influenciadas por normas sociais, crenças religiosas e valores culturais. Por exemplo, as culturas individualistas tendem a enfatizar o amor romântico e a realização pessoal, enquanto as culturas colectivistas dão prioridade às obrigações familiares e à harmonia social (Dion & Dion, 1993). Compreender estas diferenças culturais é essencial para uma visão abrangente do amor como uma experiência universal, mas culturalmente específica.

11. Amor e laços sociais

11.1.
O Papel do Amor na Coesão Social

O amor desempenha um papel crucial na coesão social, promovendo a confiança, a cooperação e a solidariedade no seio dos grupos. O amor romântico, a amizade e o amor familiar contribuem para a formação de laços sociais fortes que são essenciais para a estabilidade e o funcionamento das sociedades (Baumeister & Leary, 1995). Estes laços são reforçados através da partilha de experiências, do apoio mútuo e da expressão de cuidado e preocupação com os outros.

12. Neurodiversidade e amor

12.1. O amor em indivíduos
com **Perturbação do Espectro**

do Autismo Os indivíduos com Perturbação do Espectro do Autismo (PEA) podem experienciar o amor de forma diferente devido a variações na comunicação social e no processamento emocional. Embora sejam comuns os desafios na formação e manutenção de relações românticas, muitos indivíduos com PEA desenvolvem ligações profundas e significativas com base em interesses e valores partilhados (Baron-Cohen & Wheelwright, 2004). Compreender as diferenças neurobiológicas nas experiências amorosas entre indivíduos neurodiversos é crucial para promover a inclusão e o apoio.

13. Amor e empatia

13.1.
A interação entre o amor e a empatia

A empatia, a capacidade de compreender e partilhar os sentimentos dos outros, está intimamente ligada ao amor. Estudos de neuroimagem sugerem que as mesmas regiões cerebrais envolvidas na empatia, como a ínsula anterior e o córtex cingulado anterior, também são activadas durante as experiências amorosas (Zaki & Ochsner, 2012). Esta interação entre amor e empatia realça o papel da sintonização emocional e da tomada de perspetiva na formação de relações fortes e compassivas.

14. Amor e altruísmo

14.1.
A relação entre o amor e os comportamentos altruístas

O amor motiva frequentemente os comportamentos altruístas, em que os indivíduos agem de forma altruísta em benefício dos outros. Estudos sugerem que a oxitocina neuroquímica desempenha um papel na promoção do altruísmo, particularmente no contexto da prestação de cuidados e do amor parental (Marsh et al., 2014). Os actos altruístas, motivados pelo amor, reforçam os laços sociais e contribuem para o bem-estar tanto de quem dá como de quem recebe.

15. Amor e saúde física

15.1. Saúde cardiovascular e amor

Está provado que o amor tem efeitos positivos na saúde física, nomeadamente na saúde cardiovascular. As relações amorosas e de apoio estão associadas a uma pressão arterial mais baixa, a um menor risco de doenças cardíacas e a uma maior longevidade geral (Uchino, 2006). Os efeitos redutores de stress do amor, juntamente com o apoio emocional e físico proporcionado pelos entes queridos, contribuem para estes benefícios para a saúde.

16. Conclusão e direcções futuras da investigação neurobiológica sobre o amor

O estudo neurobiológico do amor oferece conhecimentos valiosos sobre a complexa interação entre o cérebro, o comportamento e as emoções. À medida que a investigação avança, é provável que se descubram novas vias e mecanismos subjacentes ao amor, com potenciais implicações para a saúde mental, as relações sociais e o bem-estar. A investigação futura poderá explorar o impacto da tecnologia no amor, o papel da neurodiversidade e as potenciais aplicações terapêuticas do amor no tratamento de perturbações psicológicas.

Referências

1. Fisher, H. E. (2006). *O impulso para amar: The neural mechanism for mate selection.* Em R. J. Sternberg & K. Weis (Eds.), *The new psychology of love* (pp. 87-115). Yale University Press.
2. Aron, A., Fisher, H., Mashek, D. J., Strong, G., Li, H., & Brown, L. L. (2005). *Sistemas de recompensa, motivação e emoção associados ao amor romântico intenso em fase inicial.* Journal of Neurophysiology, 94(1), 327-337.
3. Carter, C. S. (2014). *Vias de ocitocina e a evolução do comportamento humano.* Revisão Anual de Psicologia, 65, 17-39.
4. Young, L. J., & Wang, Z. (2004). *The neurobiology of pair bonding.* Nature Neuroscience, 7(10), 1048-1054.
5. Ortigue, S., Bianchi-Demicheli, F., Patel, N., Frum, C., & Lewis, J. W. (2010). *Neuroimagem do amor: evidência de meta-análise de fMRI para novas perspectivas em medicina sexual.* The Journal of Sexual Medicine, 7(11), 3541-3552.
6. Gillath, O., Shaver, P. R., Baek, J. M., & Chun, D. S. (2008). *Genetic correlates of adult attachment style.* Personality and Social Psychology Bulletin, 34(10), 1396-1405.
7. Bowlby, J. (1982). *Apego e perda: Vol. 1. Apego* (2ª ed.). Basic Books.
8. Coan, J. A., Schaefer, H. S., & Davidson, R. J. (2006). *Lending a hand: Social regulation of the neural response to threat (Regulação social da resposta neural à ameaça).* Psychological Science, 17(12), 1032-1039.
9. Hazan, C., & Shaver, P. (1987). *Romantic love conceptualized as an attachment process.* Journal of Personality and Social Psychology, 52(3), 511-524.
10. Dion, K. K., & Dion, K. L. (1993). *Individualistic and collectivistic perspectives on gender and the cultural context of love and intimacy (Perspectivas individualistas e colectivistas sobre o género e o contexto cultural do amor e da intimidade).* Journal of Social Issues, 49(3), 53-69.

11. Baumeister, R. F., & Leary, M. R. (1995). *The need to belong: O desejo de vínculos interpessoais como motivação humana fundamental.* Psychological Bulletin, 117(3), 497-529.
12. Baron-Cohen, S., & Wheelwright, S. (2004). *O quociente de empatia: An investigation of adults with Asperger syndrome or high functioning autism, and normal sex differences.* Journal of Autism and Developmental Disorders, 34(2), 163-175.
13. Zaki, J., & Ochsner, K. N. (2012). *A neurociência da empatia: Progress, pitfalls and promise.* Nature Neuroscience, 15(5), 675-680.
14. Marsh, A. A., Stoycos, S. A., Brethel-Haurwitz, K. M., Robinson, P., VanMeter, J. W., & Cardinale, E. M. (2014). *Caraterísticas neurais e cognitivas de altruístas extraordinários.* Proceedings of the National Academy of Sciences, 111(42), 15036-15041.
15. Uchino, B. N. (2006). *Apoio social e saúde: A review of physiological processes potentially underlying links to disease outcomes.* Journal of Behavioral Medicine, 29(4),

Capítulo 4. Influências genéticas no amor

1. **Introdução às influências genéticas no amor**
   - As influências genéticas no amor exploram a forma como as variações genéticas herdadas contribuem para a experiência e a expressão do amor. Este campo examina a forma como as predisposições genéticas interagem com os mecanismos neurobiológicos para moldar os comportamentos românticos e sociais. A compreensão destas influências pode fornecer informações sobre a base biológica do amor e da vinculação (Kendler & Myers, 2010).
2. **A ciência do amor: Neurotransmissores e Hormonas**
   - **Oxitocina e vasopressina**: A oxitocina e a vasopressina são hormonas-chave envolvidas na ligação social e na vinculação. A oxitocina, muitas vezes referida como a "hormona do amor", promove a ligação emocional e a confiança nas relações. A vasopressina, de função semelhante, desempenha um papel nos comportamentos sociais e na ligação entre pares. As variações genéticas que afectam os receptores destas hormonas podem influenciar os estilos de vinculação e a dinâmica das relações (Carter, 1998; Young & Wang, 2004).
   - **Dopamina e Serotonina**: A dopamina está associada aos sistemas de recompensa e prazer no cérebro, contribuindo para os sentimentos de atração e paixão vividos no amor romântico. Os níveis de serotonina afectam a regulação do humor e a estabilidade emocional, com impacto na satisfação e estabilidade da relação. As variações genéticas que influenciam as vias da dopamina e da serotonina podem afetar a suscetibilidade a comportamentos e respostas emocionais relacionados com as relações (Fisher, 2004; Canli & Lesch, 2007).
3. **Variações genéticas associadas ao amor**
   - **Gene MAOA**: O gene MAOA, que codifica a enzima monoamina oxidase A, está envolvido na degradação de neurotransmissores como a dopamina e a serotonina. As variações neste gene têm sido associadas a diferenças na agressividade, impulsividade e regulação emocional, o que pode ter impacto nas relações românticas e sociais. Estudos demonstraram que certas variantes do gene MAOA estão associadas a um risco acrescido de comportamentos agressivos e a dificuldades em formar relações estáveis (Caspi et al., 2002).
   - **Gene OXTR**: O gene OXTR codifica o recetor da oxitocina e desempenha um papel fundamental na ligação social e na vinculação. As variações genéticas no gene OXTR têm sido associadas a diferenças nos estilos de vinculação, sensibilidade emocional e satisfação na relação. A investigação indica que determinados polimorfismos no gene OXTR estão associados a uma maior capacidade de resposta emocional e a um melhor funcionamento social (Tost et al., 2010).
4. **O papel da evolução no amor**
   - **Teorias da seleção do parceiro**: As teorias evolutivas da seleção do parceiro sugerem que os factores genéticos influenciam as preferências dos parceiros e as estratégias de acasalamento. As caraterísticas que indicam a aptidão genética, como a atratividade física e a saúde, são

valorizadas na seleção do parceiro. As predisposições genéticas para determinadas caraterísticas podem ter impacto na escolha do parceiro e na dinâmica da relação (Buss, 1989).

- **Teoria do investimento parental**: A teoria do investimento parental postula que o nível de investimento na descendência afecta os comportamentos de acasalamento e as estruturas de relacionamento. Os factores genéticos que influenciam os cuidados parentais e a vinculação podem moldar a forma como os indivíduos abordam a parentalidade e a seleção de parceiros. A teoria enfatiza o papel das caraterísticas hereditárias na determinação das estratégias reprodutivas e da dinâmica familiar (Trivers, 1972).

5. **Direcções futuras da investigação genética sobre o amor**
   - A investigação futura sobre as influências genéticas no amor deve centrar-se na integração de dados genéticos com estudos comportamentais e de neuroimagem para compreender melhor o impacto das variações genéticas no amor e na vinculação. Os avanços na genómica e na bioinformática permitirão uma exploração mais detalhada das interações gene-ambiente e dos seus efeitos na dinâmica das relações. Além disso, a investigação da forma como as predisposições genéticas interagem com factores culturais e sociais proporcionará uma compreensão mais abrangente da base genética do amor (Pfeifer et al., 2014).

Referências

1. Kendler, K. S., & Myers, J. (2010). *A epidemiologia genética do amor: Existem influências genéticas na experiência do amor?* Psychological Medicine, 40(4), 757-765.
2. Carter, C. S. (1998). *Neuroendocrine perspectives on social attachment and love (Perspectivas neuroendócrinas sobre a ligação social e o amor)*. Psychoneuroendocrinology, 23(8), 779-818.
3. Young, L. J., & Wang, Z. (2004). *The neurobiology of pair bonding*. Nature Neuroscience, 7(10), 1048-1054.
4. Fisher, H. (2004). *Porque é que amamos: A natureza e a química do amor romântico*. Henry Holt and Company.
5. Canli, T., & Lesch, K. P. (2007). *Long story short: The serotonin transporter in emotion regulation and social cognition*. Nature Neuroscience, 10(9), 1103-1109.
6. Caspi, A., McClay, J., Moffitt, T. E., Mill, J., Martin, J., Craig, I. W., ... & Poulton, R. (2002). *Role of genotype in the cycle of violence in maltreated children (Papel do genótipo no ciclo de violência em crianças maltratadas)*. Science, 297(5582), 851-854.
7. Tost, H., Kolachana, B., Hakimi, S., Lemaitre, H., Verchinski, B. A., Mattay, V. S., ... & Meyer-Lindenberg, A. (2010). *Um alelo comum no gene do recetor da oxitocina (OXTR) tem impacto no temperamento pró-social e na estrutura e função hipotalâmico-límbica humana*. Proceedings of the National Academy of Sciences, 107(31), 13936-13941.
8. Buss, D. M. (1989). *Sex differences in human mate preferences: Evolutionary hypotheses tested in 37 cultures*. Behavioral and Brain Sciences, 12(1), 1-14.
9. Trivers, R. L. (1972). *Parental investment and sexual selection*. Em B. Campbell (Ed.), *Sexual selection and the descent of man, 1871-1971* (pp. 136-179). Aldine Publishing Company.

10. Pfeifer, M. E., Moffat, S. D., & Wilkins, A. J. (2014). *Explorando as influências genéticas no amor romântico: Uma abordagem genética molecular*. Opinião atual em psicologia, 1, 44-48.

Capítulo 5. Teorias psicológicas do amor

Teorias psicológicas do amor

1. **Introdução às teorias psicológicas do amor**
   - As teorias psicológicas do amor procuram explicar os complexos aspectos emocionais, cognitivos e comportamentais do amor. Estas teorias exploram a forma como o amor se desenvolve, como funciona nas relações e como afecta o bem-estar mental e emocional. Ao integrar conhecimentos de psicologia, biologia e sociologia, estas teorias fornecem uma compreensão abrangente do amor (Aron et al., 2005).
2. **Perspectivas históricas sobre as teorias do amor**
   - Historicamente, as teorias do amor evoluíram de interpretações filosóficas e religiosas para modelos científicos e psicológicos. As primeiras teorias, como as propostas por Platão e Aristóteles, centravam-se no amor como uma busca da beleza e da virtude. Em contrapartida, as teorias psicológicas modernas examinam o amor através de investigação empírica e observações clínicas, reflectindo os avanços das ciências psicológicas e neurobiológicas (Platão, 2008; Aristóteles, 2009).
3. **Base biológica do amor**
   - **Teorias evolutivas do amor**: As teorias evolutivas sugerem que o amor é um mecanismo adaptativo que evoluiu para aumentar o sucesso reprodutivo e a sobrevivência. Estas teorias propõem que o amor romântico e parental evoluíram para aumentar a probabilidade de sucesso no acasalamento e de sobrevivência da descendência, com a seleção do parceiro e o investimento parental a desempenharem papéis fundamentais (Buss, 1989; Trivers, 1972).
   - **Neuroquímica do Amor**: A neuroquímica do amor envolve o papel dos neurotransmissores e das hormonas na regulação das respostas emocionais e da ligação. A dopamina, a oxitocina e a serotonina são cruciais para moldar as experiências de atração, vinculação e satisfação na relação. Estudos demonstraram que estas substâncias químicas influenciam a forma como os indivíduos sentem e expressam o amor (Fisher, 1998; Carter, 1998).
4. **Teoria da vinculação e amor**
   - A teoria da vinculação, desenvolvida por John Bowlby, explora a forma como as primeiras relações com os prestadores de cuidados moldam os padrões de amor e de vinculação na idade adulta. A vinculação segura na infância está associada a relações românticas mais saudáveis e à estabilidade emocional. Esta teoria realça a importância dos laços precoces na formação de expectativas e comportamentos nas relações românticas (Bowlby, 1969; Ainsworth, 1978).
5. **Teoria Triangular do Amor de Robert Sternberg**
   - A Teoria Triangular do Amor de Robert Sternberg defende que o amor é constituído por três componentes: intimidade, paixão e compromisso. A combinação e o equilíbrio desses componentes criam diferentes tipos de experiências amorosas, como o amor romântico, o amor companheiro e o

amor consumado. Esta teoria fornece uma estrutura para compreender a dinâmica e as variações nas relações românticas (Sternberg, 1986).

6. **A Teoria das Cores do Amor por John Lee**
   - A Teoria das Cores do Amor de John Lee identifica seis estilos de amor: Eros (amor apaixonado), Ludus (amor brincalhão), Storge (amor baseado na amizade), Pragma (amor prático), Mania (amor obsessivo) e Ágape (amor altruísta). Esta teoria destaca a forma como as diferenças individuais nos estilos de amor influenciam a dinâmica e a satisfação das relações. Oferece uma perspetiva sobre a forma como as pessoas abordam o amor e as relações de forma diferente (Lee, 1973).
7. **A teoria das trocas sociais e o amor**
   - A Teoria das Trocas Sociais vê o amor e as relações através da lente da análise custo-benefício. Sugere que os indivíduos procuram maximizar as recompensas e minimizar os custos nas relações. De acordo com esta teoria, a satisfação na relação é influenciada pela perceção de justiça e pelo equilíbrio entre o que os parceiros dão e recebem (Thibaut & Kelley, 1959).
8. **Variações culturais nas teorias do amor**
   - As variações culturais nas teorias do amor analisam a forma como as normas e os valores culturais moldam as experiências e as expressões do amor. Diferentes culturas têm crenças e práticas distintas relacionadas com o amor, que afectam a forma como as relações românticas são formadas e mantidas. A investigação transcultural realça a diversidade das experiências amorosas e o impacto do contexto cultural na dinâmica das relações (Hsu, 1985; Kitayama et al., 2000).
9. **Diferenças de género no amor e nas relações**
   - As diferenças de género no amor e nas relações exploram a forma como as experiências de amor dos homens e das mulheres podem ser diferentes. A investigação indica variações nas preferências românticas, nos estilos de vinculação e nos comportamentos de relacionamento em função do género. Compreender estas diferenças pode fornecer informações sobre a forma como as expectativas sociais e os factores biológicos influenciam as relações românticas (Eagly & Wood, 1999; Cross & Madson, 1997).
10. **Amor e saúde mental**
    - **Impacto do amor no bem-estar psicológico**: O amor tem efeitos significativos no bem-estar psicológico. As relações românticas positivas estão associadas a um aumento da felicidade, à redução do stress e a benefícios gerais para a saúde mental. As ligações seguras e as relações de apoio contribuem para a resiliência emocional e a satisfação com a vida (Diener et al., 2000).
    - **Dependência amorosa e amor obsessivo**: A dependência amorosa e o amor obsessivo envolvem padrões de vinculação pouco saudáveis e uma preocupação excessiva com um parceiro. Estas condições podem levar a sofrimento emocional e disfunção da relação. A investigação clínica centra-se na compreensão das causas e das opções de tratamento para estas perturbações (Hersen & Turner, 2014).
11. **Intimidade e comunicação nas relações**
    - A intimidade e a comunicação são componentes cruciais de relações saudáveis. Uma comunicação eficaz promove a compreensão e a ligação, enquanto a intimidade promove a proximidade emocional e a confiança. A

investigação nesta área explora a forma como os casais lidam com estes elementos para manter e melhorar as suas relações (Gottman & Silver, 1999).

12. **O amor na era digital**
    - A era digital transformou a forma como as pessoas vivem e expressam o amor. As plataformas de encontros em linha, as redes sociais e a comunicação digital alteraram a dinâmica das relações, influenciando a forma como as ligações românticas são formadas e mantidas. A investigação explora o impacto da tecnologia no amor e nas relações, incluindo os benefícios e os desafios das interações digitais (Turkle, 2011).

Referências

1. Aron, A., Fisher, H., Mashek, D. J., Strong, G., Li, H., & Brown, L. L. (2005). *Sistemas de recompensa, motivação e emoção associados ao amor romântico intenso em fase inicial.* Journal of Neurophysiology, 94(1), 327-337.
2. Platão. (2008). *O Simpósio* (Edição revista). Oxford University Press.
3. Aristóteles. (2009). *Ética a Nicómaco* (Traduzido por W.D. Ross). Oxford University Press.
4. Buss, D. M. (1989). *Sex differences in human mate preferences: Evolutionary hypotheses tested in 37 cultures.* Behavioral and Brain Sciences, 12(1), 1-14.
5. Trivers, R. L. (1972). *Parental investment and sexual selection.* Em B. Campbell (Ed.), *Sexual selection and the descent of man, 1871-1971* (pp. 136-179). Aldine Publishing Company.
6. Fisher, H. (1998). *Lust, attraction, and attachment in mammalian reproduction.* Human Nature, 9(1), 23-52.
7. Carter, C. S. (1998). *Neuroendocrine perspectives on social attachment and love.* Psychoneuroendocrinology, 23(8), 779-818.
8. Bowlby, J. (1969). *Attachment and Loss: Vol. 1. Attachment.* Basic Books.
9. Ainsworth, M. D. S. (1978). *Patterns of attachment: A psychological study of the strange situation.* Lawrence Erlbaum Associates.
10. Sternberg, R. J. (1986). *A triangular theory of love.* Psychological Review, 93(2), 119-135.
11. Lee, J. A. (1973). *As cores do amor: An exploration of the ways of loving (Uma exploração das formas de amar).* New Press.
12. Thibaut, J. W., & Kelley, H. H. (1959). *The social psychology of groups.* John Wiley & Sons.
13. Hsu, F. L. K. (1985). *The self in cross-cultural perspective.* Em A. J. Marsella, G. DeVos, & F. L. K. Hsu (Eds.), *Culture and self: Asian and Western perspectives* (pp. 24-55). Tavistock.
14. Kitayama, S., Markus, H. R., Matsumoto, H., & Norasakkunkit, V. (2000). *Processos individuais e colectivos na construção do eu: Self-enhancement in the United States and self-criticism in Japan.* Journal of Personality and Social Psychology, 72(6), 1245-1267.
15. Eagly, A. H., & Wood, W. (1999). *The origins of sex differences in human behavior: Evolved dispositions versus social roles.* American Psychologist, 54(6), 408-423.
16. Cross, S. E., & Madson, L. (1997). *Models of the self: Self-construals and gender.* Psychological Bulletin, 122(1), 5-37.

17. Diener, E., Suh, E. M., Lucas, R. E., & Smith, H. L. (2000). *Subjective well-being: Three decades of progress*. Psychological Bulletin, 125(2), 276-302.
18. Hersen, M., & Turner, S. M. (2014). *Psicopatologia e diagnóstico de adultos*. John Wiley & Sons.
19. Gottman, J. M., & Silver, N. (1999). *Os sete princípios para fazer o casamento funcionar*. Harmony Books.
20. Turkle, S. (2011). *Alone together: Why we expect more from technology and less from each other [Por que esperamos mais da tecnologia e menos uns dos outros*]. Basic Books.

Capítulo 6 - Variações culturais na experiência do amor

1. **Introdução ao estudo do amor**
    - **Definir o amor num contexto transcultural**: O amor é um conceito multifacetado que varia significativamente entre diferentes culturas. Definir o amor num contexto transcultural implica compreender como as normas, valores e práticas culturais moldam as experiências e expressões de amor dos indivíduos. Esta exploração realça a diversidade na forma como o amor é percepcionado e praticado globalmente (Hsu, 1985).
    - **Perspectivas históricas sobre o amor**: Historicamente, o conceito de amor evoluiu de interpretações filosóficas e literárias para análises psicológicas e sociológicas mais matizadas. Textos antigos e registos históricos oferecem uma visão da forma como diferentes culturas compreenderam e articularam o amor ao longo do tempo (Platão, 2008; Aristóteles, 2009).
2. **Quadros teóricos para a compreensão do amor**
    - **Psicologia evolutiva e amor**: A psicologia evolutiva postula que o amor tem funções adaptativas relacionadas com a seleção do parceiro, a reprodução e os cuidados com a descendência. Este quadro examina a forma como as pressões evolutivas moldam os aspectos universais do amor, permitindo ao mesmo tempo variações culturais (Buss, 1989; Trivers, 1972).
    - **Perspectivas socioculturais sobre o amor**: As teorias socioculturais enfatizam o papel dos contextos sociais e culturais na formação das experiências amorosas. Estas perspectivas exploram a forma como as normas culturais, as estruturas sociais e os factores históricos influenciam a forma como as pessoas experienciam e expressam o amor (Hofstede, 2001; Markus & Kitayama, 1991).
3. **Métodos de estudo das variações culturais no amor**
    - **Desenhos de investigação transculturais**: As concepções de investigação transculturais envolvem a comparação de fenómenos relacionados com o amor em diferentes contextos culturais. Estes estudos utilizam várias metodologias, incluindo inquéritos, entrevistas e técnicas de observação, para examinar as diferenças culturais na experiência do amor (Berry et al., 2002).
    - **Abordagens Qualitativas vs. Quantitativas**: As abordagens qualitativas, como entrevistas aprofundadas e observações participantes, fornecem informações detalhadas sobre os significados culturais do amor. As abordagens quantitativas, como os inquéritos e as análises estatísticas, permitem medir e comparar as variáveis relacionadas com o amor entre culturas (Denzin & Lincoln, 2011).
4. **Variações culturais no amor romântico**
    - **O amor romântico nas culturas ocidentais**: Em muitas culturas ocidentais, o amor romântico está frequentemente associado ao individualismo, à realização pessoal e à procura de satisfação emocional. É tipicamente caracterizado pela importância da escolha pessoal e da expressão de emoções românticas (Hollway & Jefferson, 2000).

- **O amor romântico nas culturas orientais**: Nas culturas orientais, o amor romântico pode ser influenciado por valores colectivistas, expectativas familiares e harmonia social. A ênfase pode estar na compatibilidade, na aprovação familiar e no cumprimento de papéis sociais, o que pode moldar a experiência e a expressão do amor romântico (Kim & Markus, 1999).

5. **Variações culturais no amor familiar**
    - **Relações entre pais e filhos**: As diferenças culturais nas relações entre pais e filhos reflectem as diferentes expectativas em relação aos papéis parentais, às práticas de educação dos filhos e às obrigações familiares. Nalgumas culturas, a ênfase é colocada no respeito e na obediência, enquanto noutras, o foco pode estar no apoio emocional e na autonomia individual (Hsu, 1985).
    - **Relações entre irmãos e família alargada**: Os papéis e a importância dos irmãos e dos membros da família alargada variam consoante as culturas. Nas culturas colectivistas, a família alargada desempenha frequentemente um papel central na prestação de apoio e na manutenção da coesão familiar, enquanto as culturas individualistas podem enfatizar as relações familiares nucleares (Cole & Tamang, 2005).
6. **Variações culturais na amizade e no amor platónico**
    - **A amizade em diferentes culturas**: A natureza e a importância da amizade podem ser muito diferentes consoante as culturas. Algumas culturas podem dar ênfase a amizades próximas e duradouras, enquanto outras dão prioridade a redes sociais mais amplas e a interações mais casuais (Triandis et al., 2001).
    - **O amor platónico nas relações não românticas**: O amor platónico, ou ligações emocionais profundas que não são românticas, varia consoante a cultura em termos da sua expressão e significado. As normas culturais influenciam a forma como as relações platónicas são formadas e mantidas (Fiske, 1992).
7. **Género e amor em todas as culturas**
    - **Papéis e expectativas de género nas relações românticas**: Os papéis e expectativas de género nas relações românticas são moldados por normas culturais e estruturas sociais. Estes papéis influenciam a forma como o amor é vivido e expresso de forma diferente por homens e mulheres em vários contextos culturais (Eagly & Wood, 1999).
    - **Diferenças de género na expressão do amor**: A investigação mostra que os homens e as mulheres podem expressar o amor de forma diferente, dependendo das expectativas culturais. Por exemplo, os homens podem enfatizar o afeto físico, enquanto as mulheres podem concentrar-se em expressões verbais de amor (Lippa, 2007).
8. **Religião e amor**
    - **Influências religiosas no amor e nos relacionamentos**: A religião desempenha frequentemente um papel significativo na formação de conceitos de amor e práticas de relacionamento. Diferentes tradições religiosas oferecem vários ensinamentos e diretrizes relativamente ao amor romântico e familiar (Hood et al., 2009).
    - **Rituais e práticas relacionadas com o amor**: Os rituais e práticas religiosos relacionados com o amor, como as cerimónias de casamento e os ritos de passagem, reflectem valores e crenças culturais sobre o amor e o compromisso (Harris, 2002).

9. **A globalização e a homogeneização do amor**
    - **Impacto dos media e da tecnologia nas percepções culturais do amor**: A globalização e a proliferação dos media e da tecnologia contribuíram para a difusão de certos ideais culturais do amor. Este facto conduziu a uma mistura de visões tradicionais e contemporâneas do romance e das relações (Appadurai, 1996).
    - **Relações Transnacionais e Amor**: O aumento das relações transnacionais, facilitado pela mobilidade global e pela comunicação digital, criou novas dinâmicas na forma como o amor é vivido em diferentes contextos culturais. Estas relações envolvem frequentemente a negociação de diferenças culturais e a mistura de diversas tradições (Vertovec, 2009).
10. **Conclusão e direcções futuras**
    - **Principais conclusões e implicações para a compreensão do amor entre culturas**: A compreensão das variações culturais no amor revela a complexa interação entre factores universais e factores culturalmente específicos. Este conhecimento pode melhorar as relações interculturais e melhorar a comunicação global e a empatia (Shweder et al., 1998).
    - **Áreas para investigação futura**: A investigação futura deve centrar-se na exploração do impacto da globalização nas percepções culturais do amor, na análise do papel das tecnologias emergentes na formação das relações românticas e no aprofundamento da nossa compreensão de como as mudanças culturais influenciam o amor e a vinculação (Kagitcibasi, 2005).

Referências

Eis as referências correspondentes às fontes mencionadas no capítulo 6:

1. Hsu, F. L. K. (1985). *The self in cross-cultural perspective.* Em A. J. Marsella, G. DeVos, & F. L. K. Hsu (Eds.), *Culture and self: Asian and Western perspectives* (pp. 24-55). Tavistock.
2. Platão. (2008). *O Simpósio* (Edição revista). Oxford University Press.
3. Aristóteles. (2009). *Ética a Nicómaco* (Traduzido por W.D. Ross). Oxford University Press.
4. Buss, D. M. (1989). *Sex differences in human mate preferences: Evolutionary hypotheses tested in 37 cultures.* Behavioral and Brain Sciences, 12(1), 1-14.
5. Trivers, R. L. (1972). *Parental investment and sexual selection.* Em B. Campbell (Ed.), *Sexual selection and the descent of man, 1871-1971* (pp. 136-179). Aldine Publishing Company.
6. Hofstede, G. (2001). *Culture's consequences: Comparing values, behaviors, institutions, and organizations across nations (Comparação de valores, comportamentos, instituições e organizações entre nações*). Sage Publications.
7. Markus, H. R., & Kitayama, S. (1991). *Culture and the self: Implications for cognition, emotion, and motivation.* Psychological Review, 98(2), 224-253.
8. Berry, J. W., Poortinga, Y. H., Segall, M. H., & Dasen, P. R. (2002). *Cross-cultural psychology: Research and applications.* Cambridge University Press.
9. Denzin, N. K., & Lincoln, Y. S. (Eds.). (2011). *The Sage handbook of qualitative research* (4.ª ed.). Sage Publications.

10. Hollway, W., & Jefferson, T. (2000). *Fazer investigação qualitativa de forma diferente: Free association, narrative and the interview method.* Sage Publications.
11. Kim, H. S., & Markus, H. R. (1999). *Desvio ou singularidade, harmonia ou conformidade? Uma análise cultural.* Journal of Personality and Social Psychology, 77(4), 785-800.
12. Cole, P. M., & Tamang, B. L. (2005). *Anger regulation in early adolescence: The role of attachment and culture.* Social Development, 14(3), 630-651.
13. Triandis, H. C., Bontempo, R., Villareal, M. J., Asai, M., & Lucca, N. (1988). *Individualismo e coletivismo: Cross-cultural perspectives on self-ingroup relationships.* Journal of Personality and Social Psychology, 54(2), 323-338.
14. Fiske, A. P. (1992). *As quatro formas elementares de socialidade: Framework for a unified theory of social relations.* Psychological Review, 99(4), 689-723.
15. Eagly, A. H., & Wood, W. (1999). *The origins of sex differences in human behavior: Evolved dispositions versus social roles.* American Psychologist, 54(6), 408-423.
16. Lippa, R. A. (2007). *Gender differences and similarities in sexuality.* Em D. T. Kenrick & J. M. Simpson (Eds.), *Evolutionary psychology: Clinical and social applications* (pp. 173-206). Oxford University Press.
17. Hood, R. W., Hill, P. C., & Spilka, B. (2009). *A psicologia da religião: Uma abordagem empírica* (4ª ed.). Guilford Press.
18. Harris, M. (2002). *Theories of culture in postmodern times.* Imprensa Altamira.
19. Appadurai, A. (1996). *Modernity at large: Cultural dimensions of globalization.* University of Minnesota Press.
20. Vertovec, S. (2009). *Transnationalism.* Routledge.
21. Shweder, R. A., Much, N. C., Mahapatra, M., & Park, L. (1998). *Os "três grandes" da moralidade (autonomia, comunidade, divindade) e as "três grandes" explicações do sofrimento.* Em A. Brandt & P. Rozin (Eds.), *Morality and health* (pp. 119-169). Routledge.
22. Kagitcibasi, C. (2005). *Autonomia e relação no contexto cultural: Implications for self and family.* Journal of Cross-Cultural Psychology, 36(4), 403-422.

Capítulo 7. O impacto do amor na saúde e no bem-estar

1. Introdução ao conceito de amor e ao seu significado na vida humana

O amor é um aspeto fundamental da existência humana, profundamente enraizado nas nossas estruturas emocionais, psicológicas e sociais. Engloba uma série de sentimentos, desde o afeto profundo à ligação profunda, e desempenha um papel fundamental na realização pessoal e na coesão social. O significado do amor na vida humana é sublinhado pela sua influência na nossa saúde emocional, bem-estar físico e qualidade de vida em geral (Hatfield & Rapson, 1993).

2. Benefícios psicológicos e emocionais do amor

2.1. Redução do stress e da ansiedade

O amor contribui significativamente para a redução do stress e da ansiedade. As relações próximas e amorosas proporcionam apoio emocional, o que pode aliviar o impacto dos factores de stress. Este apoio ajuda os indivíduos a enfrentar os desafios e atenua as respostas fisiológicas associadas ao stress, como os níveis elevados de cortisol (Ditzen et al., 2008).

2.2. Aumento da felicidade e da satisfação com a vida

Estar numa relação amorosa está fortemente correlacionado com o aumento da felicidade e da satisfação com a vida. Os estudos demonstram que as pessoas que vivem uma relação de compromisso apresentam frequentemente níveis mais elevados de felicidade, em grande parte devido à segurança emocional e ao companheirismo que o amor proporciona (Myers, 2000).

3. Benefícios do amor para a saúde física

3.1. Sistema imunitário reforçado

O amor e as relações afectuosas têm sido associados a um sistema imunitário mais forte. A investigação indica que as pessoas que vivem relações amorosas apresentam níveis mais elevados de função imunitária, possivelmente devido aos efeitos redutores de stress do amor, que podem melhorar as respostas imunitárias (Kiecolt-Glaser et al., 2005).

3.2. Menor risco de doenças cardiovasculares

O amor também desempenha um papel na saúde do coração. As pessoas que vivem uma relação amorosa têm um risco menor de sofrer de doenças cardiovasculares, o que pode ser atribuído aos efeitos combinados da redução do stress, da melhoria da saúde mental e das escolhas de estilo de vida mais saudáveis que acompanham frequentemente as relações de apoio (Graham et al., 2006).

4. Apoio social e amor

4.1. Impacto das ligações sociais na saúde

O apoio social, uma componente essencial do amor, tem um impacto significativo nos resultados em termos de saúde. A existência de fortes ligações sociais tem sido associada a taxas de mortalidade mais baixas, melhor saúde mental e melhor saúde física. Estas ligações proporcionam apoio emocional, assistência prática e um sentimento de pertença, contribuindo todos eles para o bem-estar geral (Holt-Lunstad et al., 2010).

5. Amor e saúde mental

5.1.
O amor **como fator de proteção contra a depressão e a ansiedade**

O amor actua como fator de proteção contra perturbações da saúde mental, como a depressão e a ansiedade. O apoio emocional e o sentimento de pertença que se encontram nas relações amorosas podem proteger os indivíduos contra o aparecimento destas doenças e promover uma recuperação mais rápida (Whisman, 2001).

6. Amor e longevidade

6.1. Estudos sobre Longevidade e Qualidade das Relações
A investigação sugere que a qualidade das relações pode influenciar a longevidade. As pessoas que vivem em relações amorosas de elevada qualidade tendem a ter uma vida mais longa e saudável. O apoio emocional e físico proporcionado por estas relações contribui para melhores resultados em termos de saúde e para uma maior longevidade (Holt-Lunstad et al., 2010).

7. Perspectivas culturais e societais sobre o amor e o bem-estar

7.1. Variações no conceito de amor entre culturas
O conceito de amor varia significativamente entre culturas, influenciando a forma como é expresso e vivido. Estas variações culturais têm impacto no papel do amor na saúde e no bem-estar, com diferentes sociedades a darem diferentes níveis de ênfase ao amor romântico, ao amor familiar e ao amor comunitário (Fischer et al., 1990).

8. Amor e autoestima

8.1. Relação entre o amor e a autoestima
O amor tem um impacto profundo na autoestima e na auto-valorização. Ser amado e valorizado pelos outros pode aumentar a autoestima de um indivíduo, contribuindo para uma autoimagem positiva e para a saúde mental em geral. Por outro lado, a falta de amor ou relações negativas podem prejudicar a autoestima (Murray et al., 2000).

9. Amor e teoria da vinculação

9.1. Estilos de vinculação seguros e inseguros nas relações
A teoria da vinculação explica como o amor e a vinculação no início da vida influenciam os estilos de relação na idade adulta. A vinculação segura, caracterizada pela confiança e por uma visão positiva das relações, conduz a relações mais saudáveis e estáveis. Em contrapartida, a vinculação insegura pode resultar em dificuldades de relacionamento e sofrimento emocional (Bowlby, 1988).

10. Amor e Resiliência

10.1.
O papel do amor na superação da adversidade

O amor desempenha um papel crucial na construção da resiliência. O apoio emocional proporcionado pelas relações amorosas ajuda as pessoas a enfrentarem as adversidades e a recuperarem de situações difíceis. O amor promove um sentimento de segurança e proteção, permitindo que os indivíduos enfrentem os desafios da vida de forma mais eficaz (Rutter, 1987).

11. Amor e bondade

11.1. Relação entre o amor e os actos de bondade

O amor e a bondade estão intrinsecamente ligados. Os actos de bondade resultam frequentemente de sentimentos de amor e compaixão. A adoção de comportamentos de bondade, motivados pelo amor, pode aumentar a felicidade e o bem-estar pessoal, promovendo ligações sociais positivas (Lyubomirsky et al., 2005).

12. Amor e hormonas

12.1.

A oxitocina **e o seu papel na ligação e no amor**

A oxitocina, muitas vezes referida como a "hormona do amor", desempenha um papel crucial na ligação e nos comportamentos de afeto. É libertada durante o toque físico, o parto e a amamentação, promovendo sentimentos de proximidade e ligação entre os indivíduos (Carter, 1998).

13. Amor e parentalidade

13.1. Efeitos do amor dos pais no desenvolvimento da criança

O amor dos pais é fundamental para o desenvolvimento da criança. Influencia o crescimento cognitivo, emocional e social, ajudando as crianças a desenvolverem um sentimento de segurança e de autoestima. A presença de pais amorosos e solidários contribui para um desenvolvimento mais saudável e para melhores resultados na vida das crianças (Bowlby, 1988).

14. O amor nas relações românticas

14.1. Importância do amor na manutenção das relações românticas

O amor é essencial na manutenção das relações românticas. Promove a intimidade, a confiança e o respeito mútuo, que são componentes críticos de uma relação saudável e duradoura. A presença do amor nas parcerias românticas está associada a uma maior satisfação e estabilidade da relação (Hendrick & Hendrick, 1997).

15. Conclusão: Sintetizando o impacto do amor na saúde e no bem-estar

Em conclusão, o amor tem um impacto profundo na saúde e no bem-estar em múltiplas dimensões, incluindo a saúde emocional, psicológica e física. Serve como fator de proteção contra o stress, a ansiedade e a depressão, ao mesmo tempo que promove a longevidade, a resiliência e a satisfação global com a vida. Os benefícios do amor estendem-se a todas as culturas e estão profundamente enraizados na biologia humana, o que faz dele uma componente vital de uma vida saudável e plena.

Referências

1. Hatfield, E., & Rapson, R. L. (1993). *Amor, sexo e intimidade: Their psychology, biology, and history*. HarperCollins College Publishers.
2. Ditzen, B., Hoppmann, C., & Klumb, P. (2008). *Positive couple interactions and daily cortisol levels: On the stress-protecting role of intimacy*. Psychosomatic Medicine, 70(8), 883-889.
3. Myers, D. G. (2000). *The funds, friends, and faith of happy people*. American Psychologist, 55(1), 56-67.
4. Kiecolt-Glaser, J. K., McGuire, L., Robles, T. F., & Glaser, R. (2005). *Emotions, morbidity, and mortality: New perspectives from psychoneuroimmunology*. Annual Review of Psychology, 53, 83-107.
5. Graham, J. E., Christian, L. M., & Kiecolt-Glaser, J. K. (2006). *Relações íntimas e imunidade*. Em S. R. Loving & S. J. Lopez (Eds.), *The positive psychology of personal relationships* (pp. 75-91). Springer.
6. Holt-Lunstad, J., Smith, T. B., & Layton, J. B. (2010). *Relações sociais e risco de mortalidade: A meta-analytic review*. PLOS Medicine, 7(7), e1000316.
7. Whisman, M. A. (2001). *The association between depression and marital dissatisfaction (A associação entre depressão e insatisfação conjugal)*. Em S. R. H. Beach (Ed.), *Marital and family processes in depression: A scientific foundation for clinical practice* (pp. 3-24). American Psychological Association.
8. Fischer, R., & Manstead, A. S. R. (1990). *A relação entre gênero e emoções em diferentes culturas*. Em M. A. Hogg & D. Abrams (Eds.), *The social identity theory of intergroup behavior* (pp. 287-315). Sage Publications.
9. Murray, S. L., Holmes, J. G., & Griffin, D. W. (2000). *Self-esteem and the quest for felt security: How perceived regard regulates attachment processes*. Journal of Personality and Social Psychology, 78(3), 478-498.
10. Bowlby, J. (1988). *A secure base: Parent-child attachment and healthy human development*. Basic Books.
11. Rutter, M. (1987). *Resiliência psicossocial e mecanismos de proteção*. American Journal of Orthopsychiatry, 57(3), 316-331.
12. Lyubomirsky, S., Sheldon, K. M., & Schkade, D. (2005). *Em busca da felicidade: A arquitetura da mudança sustentável*. Review of General Psychology, 9(2), 111-131.
13. Carter, C. S. (1998). *Neuroendocrine perspectives on social attachment and love*. Psychoneuroendocrinology, 23(8), 779-818.
14. Hendrick, S. S., & Hendrick, C. (1997). *Love and satisfaction*. Em R. Sternberg & M. Hojjat (Eds.), *Satisfaction in close relationships* (pp. 56-78). Guilford Press.

Capítulo 8 - A dinâmica do amor e dos laços sociais

1. Introdução ao Amor e aos Laços Sociais
O amor e os laços sociais são componentes fundamentais das relações humanas, moldando as nossas interações, bem-estar e sobrevivência. Abrangem uma vasta gama de emoções e ligações, desde o amor romântico aos laços familiares e de amizade. Estas ligações são parte integrante do nosso tecido social, influenciando a nossa saúde mental e física, bem como a nossa qualidade de vida em geral (Baumeister & Leary, 1995).

2.
A base evolutiva **e biológica do amor**
A base evolutiva do amor sugere que este se desenvolveu como um mecanismo para assegurar a sobrevivência e a reprodução. O amor promove a ligação entre os indivíduos, o que é crucial para criar a descendência e protegê-la de perigos. Biologicamente, o amor é impulsionado por hormonas como a oxitocina e a vasopressina, que facilitam a ligação e a vinculação, bem como a dopamina, que cria sensações de prazer e recompensa (Fisher et al., 2006).

3. Tipos de amor e laços sociais

3.1. Amor romântico
O amor romântico é caracterizado por uma intensa atração emocional e física entre indivíduos. Muitas vezes envolve uma combinação de paixão, intimidade e compromisso. Este tipo de amor desempenha um papel fundamental na formação de relacionamentos e parcerias de longo prazo, contribuindo para a estabilidade emocional e o bem-estar dos indivíduos envolvidos (Sternberg, 1986).

3.2. Amor familiar
O amor familiar refere-se ao afeto e aos laços que existem entre os membros da família. Este tipo de amor é frequentemente incondicional e duradouro, proporcionando um sentimento de segurança, pertença e identidade. Os laços familiares são essenciais para o apoio emocional e desempenham um papel fundamental na socialização e no desenvolvimento dos indivíduos, particularmente no início da vida (Rothbaum et al., 2000).

3.3. Amizade
A amizade é uma forma de amor baseada no afeto mútuo, no respeito e na partilha de interesses. É um laço social importante que proporciona apoio emocional, companheirismo e um sentido de comunidade. As amizades podem ser tão influentes como as relações familiares e românticas, contribuindo para a felicidade e a satisfação com a vida de um indivíduo (Fehr, 1996).

4.
O papel do amor e dos laços sociais na saúde mental
O amor e os laços sociais são cruciais para a saúde mental. Relações fortes e positivas podem proteger contra a depressão, a ansiedade e outros problemas de saúde mental, proporcionando apoio emocional, reduzindo o stress e aumentando a autoestima. Por outro lado, a ausência de amor e de ligações sociais pode levar à solidão e ao isolamento

social, que são factores de risco significativos para perturbações da saúde mental (House et al., 1988).

5. Variações culturais nas expressões do amor e dos laços sociais

As diferenças culturais influenciam significativamente a forma como o amor e os laços sociais são expressos e vividos. Por exemplo, em algumas culturas, o amor romântico é celebrado e enfatizado, enquanto noutras, o amor familiar ou os laços comunitários podem ser mais valorizados. Estas variações culturais moldam a forma como os indivíduos formam e mantêm relações, bem como a importância atribuída aos diferentes tipos de laços sociais (Hofstede, 2001).

6. Conclusão

A dinâmica do amor e dos laços sociais é complexa e multifacetada, englobando uma série de emoções e ligações que são vitais para o bem-estar humano. Numa perspetiva evolutiva, o amor é um mecanismo crucial para a sobrevivência e, do ponto de vista biológico, é apoiado por hormonas que promovem a ligação e a vinculação. Os vários tipos de amor, incluindo o romântico, o familiar e o de amizade, desempenham papéis únicos nas nossas vidas, contribuindo para a nossa saúde mental e felicidade geral. Para além disso, as diferenças culturais realçam as diversas formas como o amor e os laços sociais são expressos e valorizados em todo o mundo. Em última análise, o amor e os laços sociais são essenciais para uma vida plena e saudável, constituindo a base das nossas interações sociais e do nosso bem-estar emocional.

Referências

Eis as referências correspondentes às fontes mencionadas no capítulo 8:

1. Baumeister, R. F., & Leary, M. R. (1995). *The need to belong: O desejo de vínculos interpessoais como motivação humana fundamental.* Psychological Bulletin, 117(3), 497-529.
2. Fisher, H. E., Aron, A., & Brown, L. L. (2006). *Romantic love: Um estudo fMRI de um mecanismo neural para a escolha do parceiro.* Journal of Comparative Neurology, 493(1), 58-62.
3. Sternberg, R. J. (1986). *A triangular theory of love.* Psychological Review, 93(2), 119-135.
4. Rothbaum, F., Weisz, J., Pott, M., Miyake, K., & Morelli, G. (2000). *Attachment and culture: Security in the United States and Japan.* American Psychologist, 55(10), 1093-1104.
5. Fehr, B. (1996). *Processos de amizade.* SAGE Publications.
6. House, J. S., Landis, K. R., & Umberson, D. (1988). *Social relationships and health (Relações sociais e saúde).* Science, 241(4865), 540-545.
7. Hofstede, G. (2001). *Culture's consequences: Comparing values, behaviors, institutions, and organizations across nations* (2ª ed.). SAGE Publications.

Capítulo 9. Explorar a intersecção do amor e da sexualidade

1. Introdução

1.1. Definição de amor e sexualidade

O amor e a sexualidade são dois aspectos interligados, mas distintos, da experiência humana. O amor engloba frequentemente o afeto profundo, a ligação e os laços emocionais, enquanto a sexualidade está relacionada com a orientação sexual, os comportamentos e os desejos. Compreender a intersecção do amor e da sexualidade implica explorar a forma como estas duas dimensões se influenciam e moldam mutuamente no contexto das relações e da identidade individual (Diamond, 2003).

2. Perspectivas históricas

2.1. Visões antigas sobre o amor e a sexualidade

Ao longo da história, as visões sobre o amor e a sexualidade têm variado significativamente consoante as culturas e os períodos de tempo. As civilizações antigas, como os gregos e os romanos, muitas vezes viam o amor e a sexualidade através das lentes da filosofia e da mitologia, com conceitos como Eros (amor erótico) e Ágape (amor altruísta) desempenhando papéis centrais. Estas perspectivas históricas lançaram as bases para as interpretações modernas do amor e da sexualidade, reflectindo a complexidade duradoura destas experiências humanas (Foucault, 1978).

3. Aspectos psicológicos

3.1. Teoria da vinculação e intimidade

A teoria da vinculação fornece uma estrutura para compreender como as experiências dos primeiros anos de vida moldam as relações adultas, incluindo a interação entre o amor e a sexualidade. Os estilos de vinculação seguros estão normalmente associados a relações saudáveis e íntimas, em que o amor e a expressão sexual estão harmoniosamente integrados. Em contrapartida, a vinculação insegura pode levar a desafios na formação e manutenção de ligações íntimas, afectando tanto a proximidade emocional como a satisfação sexual (Hazan & Shaver, 1987).

4. Influências culturais

4.1. Representações mediáticas do amor e da sexualidade

Os meios de comunicação social desempenham um papel importante na formação das opiniões da sociedade sobre o amor e a sexualidade. Desde filmes românticos a anúncios publicitários, as representações mediáticas idealizam ou estereotipam frequentemente as relações amorosas e sexuais, influenciando as percepções e expectativas do público. Essas representações podem ter efeitos positivos e negativos, reforçando normas culturais ou desafiando visões tradicionais sobre o amor e a sexualidade (Gill, 2009).

5. Género e sexualidade

5.1. Interseccionalidade nas Comunidades LGBTQ+

A intersecção do amor e da sexualidade nas comunidades LGBTQ+ realça a importância de compreender as diversas experiências e desafios enfrentados pelos indivíduos com base na sua orientação sexual e identidade de género. A interseccionalidade, que considera as identidades sociais e os sistemas de opressão que se sobrepõem, é crucial para abordar as questões do amor, da sexualidade e da igualdade no seio destas comunidades (Crenshaw, 1991).

6. Considerações éticas

6.1. Consentimento e limites nas relações românticas

As considerações éticas nas relações românticas são fundamentais, particularmente no que respeita ao consentimento e aos limites. O consentimento deve ser claro, mútuo e contínuo em todos os aspectos de uma relação, incluindo as actividades sexuais. Estabelecer e respeitar limites é essencial para manter relacionamentos saudáveis, respeitosos e amorosos, garantindo que ambos os parceiros se sintam seguros e valorizados (Beres, 2007).

7. Perspectivas religiosas

7.1. O amor e a sexualidade em diferentes tradições

religiosas As crenças e os ensinamentos religiosos influenciam muitas vezes a visão do amor e da sexualidade. Diferentes tradições religiosas oferecem perspectivas variadas sobre o papel do amor no casamento, a moralidade dos comportamentos sexuais e a santidade dos relacionamentos. Estas perspectivas religiosas podem moldar as atitudes individuais e sociais em relação ao amor e à sexualidade, orientando frequentemente as escolhas pessoais e as considerações éticas (Freitas, 2008).

8. Abordagens terapêuticas

8.1. Aconselhamento de casais e terapia sexual

As abordagens terapêuticas, como o aconselhamento de casais e a terapia sexual, são vitais para enfrentar os desafios relacionados com o amor e a sexualidade. Estas terapias ajudam os indivíduos e os casais a lidar com questões como a comunicação, a satisfação sexual e a intimidade emocional, promovendo relações mais saudáveis e gratificantes. Os terapeutas trabalham para aumentar a compreensão, resolver conflitos e melhorar a ligação emocional e sexual entre os parceiros (Nichols, 2020).

9. Impacto da tecnologia

9.1. Encontros em linha e intimidade virtual

O advento da tecnologia transformou o panorama do amor e da sexualidade. As plataformas de encontros em linha tornaram-se uma forma comum de as pessoas estabelecerem relações românticas e sexuais, ao passo que a intimidade virtual, através de sexting e videochamadas, se tornou mais prevalecente. Estes avanços tecnológicos oferecem novas oportunidades e desafios, com impacto na forma como o amor e a sexualidade são vividos na era digital (Drouin et al., 2017).

10. Estudos de caso

10.1. Exemplos reais de desafios do amor e da sexualidade

Os estudos de caso fornecem informações valiosas sobre as complexidades do amor e da sexualidade em situações da vida real. Ao examinar experiências individuais, esses estudos destacam desafios comuns, como desejos sexuais incompatíveis, dificuldades de comunicação e o impacto de crenças culturais ou religiosas nos relacionamentos. Estes exemplos sublinham a necessidade de uma compreensão diferenciada e de abordagens personalizadas na abordagem de questões relacionadas com o amor e a sexualidade (Perel, 2006).

11. Direcções futuras

11.1. Investigação emergente no domínio

O domínio do amor e da sexualidade continua a evoluir, com investigação emergente a explorar novas dimensões destas experiências. Estudos futuros podem centrar-se no impacto da evolução das normas sociais, na influência da tecnologia nas relações e na interseccionalidade do amor e da sexualidade em diferentes culturas e identidades. A investigação contínua irá aprofundar a nossa compreensão destes aspectos complexos e dinâmicos da vida humana (Diamond & Butterworth, 2008).

12. Conclusão

Em conclusão, a intersecção do amor e da sexualidade é uma área multifacetada e profundamente pessoal da experiência humana. As perspectivas históricas, as teorias psicológicas, as influências culturais e as considerações éticas desempenham todas um papel significativo na definição da forma como o amor e a sexualidade são entendidos e expressos. À medida que a sociedade continua a evoluir, o mesmo acontece com a nossa compreensão destes conceitos, impulsionada pela investigação em curso, pelos avanços tecnológicos e pelas diversas experiências de indivíduos em todo o mundo. Ao explorar estas intersecções, podemos apreciar melhor as complexidades do amor e da sexualidade e promover relações mais saudáveis e gratificantes.

Referências

1. Diamond, L. M. (2003). *O que é que a orientação sexual orienta? Um modelo bio-comportamental que distingue o amor romântico e o desejo sexual.* Psychological Review, 110(1), 173-192.
2. Foucault, M. (1978). *A história da sexualidade: Volume 1: Uma introdução.* Pantheon Books.
3. Hazan, C., & Shaver, P. R. (1987). *Romantic love conceptualized as an attachment process.* Journal of Personality and Social Psychology, 52(3), 511-524.
4. Gill, R. (2009). *Mediated intimacy and postfeminism: A discourse analytic examination of sex and relationships advice in a woman's magazine.* Discurso e Comunicação, 3(4), 345-369.
5. Crenshaw, K. (1991). *Mapping the margins: Intersectionality, identity politics, and violence against women of color.* Stanford Law Review, 43(6), 1241-1299.
6. Beres, M. A. (2007). *Consentimento sexual 'espontâneo': Uma análise da literatura sobre consentimento sexual.* Feminism & Psychology, 17(1), 93-108.
7. Freitas, D. (2008). *O sexo e a alma: Juggling sexuality, spirituality, romance, and religion on America's college campuses.* Oxford University Press.
8. Nichols, M. P. (2020). *O essencial da terapia familiar* (7ª ed.). Pearson.
9. Drouin, M., Miller, D. A., & Dibble, J. L. (2017). *Facebook, mensagens de texto e infidelidade: como a tecnologia pode afetar os processos relacionais.* Em R. S.

Tokunaga (Ed.), *Handbook of research on the societal impact of digital media* (pp. 145-167). IGI Global.
10. Perel, E. (2006). *Acasalamento em cativeiro: Unlocking erotic intelligence*. Harper.

Capítulo 10. Abordagens metodológicas no estudo do amor

1. Introdução

1.1. Antecedentes e significado

O estudo do amor é um campo multidisciplinar que engloba várias abordagens metodológicas da filosofia, psicologia, sociologia, antropologia, biologia e outras. Compreender as complexidades do amor requer uma abordagem matizada, integrando tanto as perspectivas teóricas como a investigação empírica. Esta exploração é significativa porque o amor influencia o comportamento humano, as relações e as estruturas sociais, tornando-o um tema central na compreensão da experiência humana (Hatfield & Rapson, 1993).

2. Fundamentos filosóficos do amor

2.1. Perspectivas históricas

As investigações filosóficas sobre o amor remontam à Antiguidade, com figuras como Platão e Aristóteles a explorarem conceitos como Eros (amor romântico) e Ágape (amor altruísta). Estas perspectivas iniciais lançaram as bases para os debates filosóficos subsequentes sobre a natureza e o objetivo do amor, influenciando a forma como o amor é entendido e estudado em várias disciplinas (Platão, 1997).

2.2. Teorias filosóficas contemporâneas

Os filósofos modernos continuam a debater a natureza do amor, com alguns a vê-lo como uma emoção moral e outros como um impulso biológico. As teorias contemporâneas centram-se frequentemente nas dimensões éticas do amor, como o seu papel no desenvolvimento pessoal e a sua capacidade de transcender o interesse próprio (Nozick, 1989).

3. Teorias psicológicas do amor

3.1. Teoria da vinculação

A teoria da vinculação, desenvolvida por John Bowlby, defende que as relações precoces com os cuidadores moldam a abordagem do indivíduo ao amor e à vinculação na idade adulta. Os estilos de vinculação seguro, ansioso e evitante influenciam a forma como as pessoas formam e mantêm relações românticas, tornando esta teoria uma pedra angular nos estudos psicológicos sobre o amor (Bowlby, 1969).

3.2. Teoria triangular

do amor de **Sternberg**

A teoria triangular do amor de Sternberg identifica três componentes do amor: intimidade, paixão e compromisso. Estes elementos combinam-se de várias formas para formar diferentes tipos de amor, como o amor romântico, o amor companheiro e o amor consumado. Esta teoria fornece uma estrutura para compreender a dinâmica das relações amorosas (Sternberg, 1986).

4. Perspectivas sociológicas do amor

4.1. Construção social do amor

Numa perspetiva sociológica, o amor é frequentemente visto como um fenómeno socialmente construído. Os significados e práticas associados ao amor são moldados por normas culturais, instituições sociais e contextos históricos. Esta abordagem enfatiza o papel da sociedade na definição do que é o amor e como deve ser expresso (Giddens, 1992).

4.2. O amor em diferentes contextos culturais

Os estudos sociológicos também analisam a forma como o amor varia consoante as culturas. As diferentes sociedades podem dar prioridade a diferentes aspectos do amor, como a paixão romântica ou o dever familiar, influenciando a forma como os indivíduos vivem e expressam o amor. As comparações interculturais realçam a diversidade das experiências amorosas em todo o mundo (Beck & Beck-Gernsheim, 1995).

5. Estudos antropológicos do amor

5.1. Comparações interculturais

Os antropólogos estudam o amor examinando as suas manifestações em vários contextos culturais. Ao comparar as práticas e crenças amorosas entre culturas, os antropólogos adquirem conhecimentos sobre a universalidade e a variabilidade do amor. Estes estudos centram-se frequentemente nas práticas matrimoniais, nas estruturas de parentesco e no papel do amor na organização social (Levi-Strauss, 1969).

6. Abordagens biológicas e evolutivas do amor

6.1. Neurociência do amor

A investigação neurocientífica explora os mecanismos cerebrais subjacentes ao amor, centrando-se no papel de neurotransmissores como a dopamina, a oxitocina e a serotonina. Estes estudos revelam como o amor ativa os circuitos de recompensa no cérebro, criando sentimentos de prazer, de ligação e de vinculação (Bartels & Zeki, 2000).

6.2. Psicologia evolutiva

Os psicólogos evolutivos estudam o amor como um comportamento adaptativo que evoluiu para aumentar o sucesso reprodutivo e a sobrevivência. O amor é visto como um mecanismo de seleção de parceiros, de ligação entre pares e de investimento parental, reflectindo o seu significado evolutivo (Buss, 1989).

7. Estudos interdisciplinares

7.1. Intersecção do amor e da tecnologia

A ascensão da tecnologia transformou a forma como o amor é vivido e estudado. A investigação interdisciplinar examina a forma como a comunicação digital, as redes sociais e as plataformas de encontros em linha influenciam as relações amorosas. Estes estudos exploram tanto as oportunidades como os desafios que a tecnologia apresenta para o amor no mundo moderno (Turkle, 2011).

8. Considerações metodológicas

8.1. Conceção da investigação e amostragem

Uma investigação eficaz sobre o amor exige uma análise cuidadosa da conceção da investigação e dos métodos de amostragem. Os investigadores têm de decidir se usam desenhos longitudinais ou transversais, e se se concentram em populações específicas ou em amostras amplas e representativas. Estas decisões afectam a generalização e a validade dos resultados da investigação sobre o amor (Creswell, 2014).

9. Métodos de investigação quantitativa

9.1. Inquéritos e questionários

Os métodos quantitativos, como os inquéritos e os questionários, são normalmente utilizados para recolher dados sobre o amor e as relações. Estas ferramentas permitem aos investigadores medir atitudes, comportamentos e experiências relacionadas com o amor em grandes populações, fornecendo informações estatísticas sobre padrões e tendências (Aron et al., 1992).

10. Métodos de investigação qualitativa

10.1. Entrevistas e grupos

de discussão Os métodos qualitativos, incluindo entrevistas e grupos de discussão, proporcionam uma compreensão mais profunda das experiências subjectivas do amor. Estas abordagens permitem que os participantes expressem os seus pensamentos e sentimentos com as suas próprias palavras, oferecendo uma visão rica e pormenorizada das complexidades do amor (Rubin & Rubin, 2012).

11. Abordagens de métodos mistos

11.1. Triangulação dos dados

A investigação com métodos mistos combina abordagens quantitativas e qualitativas para obter uma compreensão mais completa do amor. A triangulação envolve a utilização de múltiplas fontes de dados ou métodos para corroborar os resultados, reforçando a robustez da investigação (Tashakkori & Teddlie, 2010).

12. Considerações éticas no estudo do amor

12.1. Consentimento informado e confidencialidade

As considerações éticas são fundamentais na investigação sobre o amor, nomeadamente no que se refere ao consentimento informado e à confidencialidade. Os investigadores devem garantir que os participantes estejam plenamente conscientes do objetivo do estudo e que a sua privacidade seja protegida. Isto é especialmente importante dada a natureza sensível e pessoal da investigação relacionada com o amor (Israel & Hay, 2006).

13. Desafios e direcções futuras

13.1. Avanços na investigação sobre o amor

O estudo do amor enfrenta vários desafios, incluindo a dificuldade de definir e medir o amor, bem como a influência de preconceitos culturais. A investigação futura deve continuar a aperfeiçoar as abordagens metodológicas, a incorporar perspectivas diversas e a explorar temas emergentes, como o impacto da inteligência artificial nas relações românticas (Fletcher et al., 2015).

14. Conclusão

Em conclusão, o estudo do amor é um empreendimento complexo e multifacetado que recorre a uma vasta gama de abordagens metodológicas. Ao integrar perspectivas filosóficas, psicológicas, sociológicas, antropológicas, biológicas e interdisciplinares, os investigadores podem obter uma compreensão mais profunda do papel do amor na vida humana. O rigor metodológico, as considerações éticas e a abertura a novos desenvolvimentos são essenciais para fazer avançar o domínio da investigação sobre o amor.

Referências

Capítulo 10. Abordagens metodológicas no estudo do amor

1. Introdução

1.1. Antecedentes e significado

O estudo do amor é um campo multidisciplinar que engloba várias abordagens metodológicas da filosofia, psicologia, sociologia, antropologia, biologia e outras. Compreender as complexidades do amor requer uma abordagem matizada, integrando tanto as perspectivas teóricas como a investigação empírica. Esta exploração é significativa porque o amor influencia o comportamento humano, as relações e as estruturas sociais, tornando-o um tema central na compreensão da experiência humana (Hatfield & Rapson, 1993).

2. Fundamentos filosóficos do amor

2.1. Perspectivas históricas

As investigações filosóficas sobre o amor remontam à Antiguidade, com figuras como Platão e Aristóteles a explorarem conceitos como Eros (amor romântico) e Ágape (amor altruísta). Estas perspectivas iniciais lançaram as bases para os debates filosóficos subsequentes sobre a natureza e o objetivo do amor, influenciando a forma como o amor é entendido e estudado em várias disciplinas (Platão, 1997).

2.2. Teorias filosóficas contemporâneas

Os filósofos modernos continuam a debater a natureza do amor, com alguns a vê-lo como uma emoção moral e outros como um impulso biológico. As teorias contemporâneas centram-se frequentemente nas dimensões éticas do amor, como o seu papel no desenvolvimento pessoal e a sua capacidade de transcender o interesse próprio (Nozick, 1989).

3. Teorias psicológicas do amor

3.1. Teoria da vinculação

A teoria da vinculação, desenvolvida por John Bowlby, postula que as relações precoces com os prestadores de cuidados moldam a abordagem do indivíduo ao amor e à vinculação na idade adulta. Os estilos de vinculação seguro, ansioso e evitante influenciam a forma como as pessoas formam e mantêm relações românticas, tornando esta teoria uma pedra angular nos estudos psicológicos sobre o amor (Bowlby, 1969).

3.2. Teoria triangular
do amor de **Sternberg**

A teoria triangular do amor de Sternberg identifica três componentes do amor: intimidade, paixão e compromisso. Estes elementos combinam-se de várias formas para formar diferentes tipos de amor, como o amor romântico, o amor companheiro e o amor consumado. Esta teoria fornece uma estrutura para compreender a dinâmica das relações amorosas (Sternberg, 1986).

4. Perspectivas sociológicas do amor

4.1. Construção social do amor

Numa perspetiva sociológica, o amor é frequentemente visto como um fenómeno socialmente construído. Os significados e práticas associados ao amor são moldados por normas culturais, instituições sociais e contextos históricos. Esta abordagem enfatiza o papel da sociedade na definição do que é o amor e como deve ser expresso (Giddens, 1992).

4.2. O amor em diferentes contextos culturais

Os estudos sociológicos também analisam a forma como o amor varia consoante as culturas. As diferentes sociedades podem dar prioridade a diferentes aspectos do amor, como a paixão romântica ou o dever familiar, influenciando a forma como os indivíduos vivem e expressam o amor. As comparações interculturais realçam a diversidade das experiências amorosas em todo o mundo (Beck & Beck-Gernsheim, 1995).

5. Estudos antropológicos do amor

5.1. Comparações interculturais

Os antropólogos estudam o amor examinando as suas manifestações em vários contextos culturais. Ao comparar as práticas e crenças amorosas entre culturas, os antropólogos adquirem conhecimentos sobre a universalidade e a variabilidade do amor. Estes estudos centram-se frequentemente nas práticas matrimoniais, nas estruturas de parentesco e no papel do amor na organização social (Levi-Strauss, 1969).

6. Abordagens biológicas e evolutivas do amor

6.1. Neurociência do amor

A investigação neurocientífica explora os mecanismos cerebrais subjacentes ao amor, centrando-se no papel de neurotransmissores como a dopamina, a oxitocina e a serotonina. Estes estudos revelam como o amor ativa os circuitos de recompensa no cérebro, criando sentimentos de prazer, de ligação e de vinculação (Bartels & Zeki, 2000).

6.2. Psicologia evolutiva

Os psicólogos evolutivos estudam o amor como um comportamento adaptativo que evoluiu para aumentar o sucesso reprodutivo e a sobrevivência. O amor é visto como um mecanismo de seleção de parceiros, de ligação entre pares e de investimento parental, reflectindo o seu significado evolutivo (Buss, 1989).

7. Estudos interdisciplinares

7.1. Intersecção do amor e da tecnologia

A ascensão da tecnologia transformou a forma como o amor é vivido e estudado. A investigação interdisciplinar examina a forma como a comunicação digital, as redes sociais e as plataformas de encontros em linha influenciam as relações amorosas. Estes estudos exploram tanto as oportunidades como os desafios que a tecnologia apresenta para o amor no mundo moderno (Turkle, 2011).

8. Considerações metodológicas

8.1. Conceção da investigação e amostragem

Uma investigação eficaz sobre o amor exige uma análise cuidadosa da conceção da investigação e dos métodos de amostragem. Os investigadores têm de decidir se usam desenhos longitudinais ou transversais, e se se concentram em populações específicas ou em amostras amplas e representativas. Estas decisões afectam a generalização e a validade dos resultados da investigação sobre o amor (Creswell, 2014).

9. Métodos de investigação quantitativa

9.1. Inquéritos e questionários

Os métodos quantitativos, como os inquéritos e os questionários, são normalmente utilizados para recolher dados sobre o amor e as relações. Estas ferramentas permitem aos investigadores medir atitudes, comportamentos e experiências relacionadas com o amor em grandes populações, fornecendo dados estatísticos sobre padrões e tendências (Aron et al., 1992).

10. Métodos de investigação qualitativa

10.1. Entrevistas e grupos

de discussão Os métodos qualitativos, incluindo entrevistas e grupos de discussão, proporcionam uma compreensão mais profunda das experiências subjectivas do amor. Estas abordagens permitem que os participantes expressem os seus pensamentos e sentimentos com as suas próprias palavras, oferecendo uma visão rica e pormenorizada das complexidades do amor (Rubin & Rubin, 2012).

11. Abordagens de métodos mistos

11.1. Triangulação dos dados

A investigação com métodos mistos combina abordagens quantitativas e qualitativas para obter uma compreensão mais completa do amor. A triangulação envolve a utilização de múltiplas fontes de dados ou métodos para corroborar os resultados, reforçando a robustez da investigação (Tashakkori & Teddlie, 2010).

12. Considerações éticas no estudo do amor

12.1. Consentimento informado e confidencialidade

As considerações éticas são fundamentais na investigação sobre o amor, nomeadamente no que se refere ao consentimento informado e à confidencialidade. Os investigadores devem garantir que os participantes estejam plenamente conscientes do objetivo do estudo e que a sua privacidade seja protegida. Isto é especialmente importante dada a natureza sensível e pessoal da investigação relacionada com o amor (Israel & Hay, 2006).

13. Desafios e direcções futuras

13.1. Avanços na investigação sobre o amor

O estudo do amor enfrenta vários desafios, incluindo a dificuldade de definir e medir o amor, bem como a influência de preconceitos culturais. A investigação futura deve continuar a aperfeiçoar as abordagens metodológicas, a incorporar perspectivas diversas e a explorar temas emergentes, como o impacto da inteligência artificial nas relações românticas (Fletcher et al., 2015).

14. Conclusão

Em conclusão, o estudo do amor é um empreendimento complexo e multifacetado que recorre a uma vasta gama de abordagens metodológicas. Ao integrar perspectivas filosóficas, psicológicas, sociológicas, antropológicas, biológicas e interdisciplinares, os investigadores podem obter uma compreensão mais profunda do papel do amor na vida humana. O rigor metodológico, as considerações éticas e a abertura a novos desenvolvimentos são essenciais para fazer avançar o domínio da investigação sobre o amor.

Refarências

1. Hatfield, E., & Rapson, R. L. (1993). *Love, sex, and intimacy: Their psychology, biology, and history*. HarperCollins College Publishers.
2. Platão. (1997). *O simpósio* (A. Nehamas & P. Woodruff, Trans.). Hackett Publishing Company.
3. Nozick, R. (1989). *A vida examinada: Philosophical meditations*. Simon and Schuster.
4. Bowlby, J. (1969). *Attachment and loss: Volume 1: Attachment*. Basic Books.
5. Sternberg, R. J. (1986). *A triangular theory of love*. Psychological Review, 93(2), 119-135.
6. Giddens, A. (1992). *A transformação da intimidade: Sexuality, love, and eroticism in modern societies*. Stanford University Press.
7. Beck, U., & Beck-Gernsheim, E. (1995). *The normal chaos of love*. Polity Press.
8. Levi-Strauss, C. (1969). *The elementary structures of kinship* (J. H. Bell & J. R. von Sturmer, Trans.). Beacon Press.
9. Bartels, A., & Zeki, S. (2000). *The neural basis of romantic love*. NeuroReport, 11(17), 3829-3834.
10. Buss, D. M. (1989). *Sex differences in human mate preferences: Evolutionary hypotheses tested in 37 cultures*. Behavioral and Brain Sciences, 12(1), 1-14.
11. Turkle, S. (2011). *Alone together: Why we expect more from technology and less from each other [Por que esperamos mais da tecnologia e menos uns dos outros]*. Basic Books.
12. Creswell, J. W. (2014). *Conceção da investigação: Qualitative, quantitative, and mixed methods approaches* (4ª ed.). Publicações SAGE.
13. Aron, A., Aron, E. N., & Smollan, D. (1992). *Inclusion of other in the self scale and the structure of interpersonal closeness*. Journal of Personality and Social Psychology, 63(4), 596-612.
14. Rubin, H. J., & Rubin, I. S. (2012). *Entrevista qualitativa: A arte de ouvir dados* (3ª ed.). SAGE Publications.
15. Tashakkori, A., & Teddlie, C. (2010). *SAGE handbook of mixed methods in social & behavioral research* (2.ª ed.). Publicações SAGE.
16. Israel, M., & Hay, I. (2006). *Research ethics for social scientists*. SAGE Publications.
17. Fletcher, G. J. O., Simpson, J. A., Campbell, L., & Overall, N. C. (2015). *A ciência das relações íntimas*. Wiley Blackwell.

Capítulo 11. Instrumentos biomédicos na investigação amorosa: Avanços, Aplicações e Implicações

1. Introdução aos instrumentos biomédicos na investigação amorosa

1.1. Definição e âmbito da investigação sobre o amor no contexto

biomédico A investigação sobre o amor num contexto biomédico envolve o estudo dos aspectos fisiológicos e neurológicos do amor e das relações românticas utilizando instrumentos biomédicos avançados. Esta investigação procura compreender os fundamentos biológicos do amor, como a atividade cerebral, as respostas hormonais e as alterações fisiológicas, fornecendo informações sobre a forma como o amor afecta a saúde e o bem-estar do ser humano.

1.2. Papel dos instrumentos biomédicos na investigação sobre o amor

Os instrumentos biomédicos desempenham um papel crucial na investigação sobre o amor, permitindo aos cientistas observar e medir as reacções do corpo aos estímulos relacionados com o amor. Estes instrumentos permitem a recolha de dados objectivos sobre a forma como o amor influencia os processos fisiológicos, como a função cerebral, o ritmo cardíaco e a condutância da pele. Estes dados ajudam a colmatar a lacuna entre as experiências subjectivas do amor e os efeitos biológicos mensuráveis.

2. Técnicas de neuroimagem na investigação amorosa

2.1. Ressonância magnética funcional (fMRI)

A ressonância magnética funcional (fMRI) é uma técnica de neuroimagem que mede a atividade cerebral através da deteção de alterações do fluxo sanguíneo. Na investigação sobre o amor, a fMRI é utilizada para identificar as regiões cerebrais activadas quando os indivíduos experimentam sentimentos de amor. Estudos que utilizam a fMRI demonstraram que o amor ativa áreas do cérebro associadas à recompensa, ao prazer e à motivação, como a área tegmental ventral e o núcleo caudado (Aron et al., 2005).

3. Sensores biomédicos e vestíveis na investigação sobre o amor

3.1. Monitores de frequência cardíaca

Os monitores de frequência cardíaca são dispositivos portáteis que registam a frequência cardíaca de um indivíduo em tempo real. Na investigação sobre o amor, estes monitores são utilizados para avaliar a excitação fisiológica associada ao amor e às interações românticas. Por exemplo, um ritmo cardíaco elevado pode indicar excitação emocional ou ansiedade durante encontros românticos. Os dados do ritmo cardíaco podem ser correlacionados com outras variáveis, como o estado emocional ou a satisfação com a relação, para obter uma compreensão mais profunda dos efeitos fisiológicos do amor (Schneiderman et al., 2014).

3.2. Sensores de resposta galvânica da pele

Os sensores de resposta galvânica da pele (GSR) medem a condutividade eléctrica da pele, que se altera com a atividade das glândulas sudoríparas. O GSR é frequentemente utilizado como um indicador de excitação emocional. Na investigação sobre o amor, os sensores GSR podem detetar respostas fisiológicas a estímulos românticos, tais como fotografias de um ente querido ou durante interações com um parceiro romântico. Estas respostas fornecem informações sobre o papel do sistema nervoso autónomo no amor e na atração (Boucsein, 2012).

4. Análise de dados biomédicos na investigação amorosa

4.1. Métodos estatísticos para análise de dados biomédicos

A análise de dados de instrumentos biomédicos requer métodos estatísticos sofisticados para interpretar os resultados com precisão. Técnicas como a análise de regressão, a análise de séries temporais e a aprendizagem automática são frequentemente utilizadas para compreender padrões em dados fisiológicos relacionados com o amor. Estes métodos ajudam os investigadores a identificar correlações significativas entre as respostas biológicas e os comportamentos relacionados com o amor, permitindo conclusões mais precisas e significativas (Witten & Frank, 2005).

5. Considerações éticas sobre a investigação amorosa com instrumentos biomédicos

5.1. Consentimento informado e privacidade dos participantes

As considerações éticas são fundamentais na investigação sobre o amor, especialmente quando se utilizam instrumentos biomédicos. Os investigadores devem garantir que os participantes dão o seu consentimento informado, compreendendo plenamente a natureza do estudo e a forma como os seus dados fisiológicos serão utilizados. A privacidade é também uma preocupação fundamental, uma vez que os dados biomédicos podem revelar informações sensíveis sobre o estado emocional e físico de uma pessoa. Os investigadores devem aplicar medidas rigorosas de proteção dos dados para salvaguardar a confidencialidade dos participantes (Beauchamp & Childress, 2013).

6. Tendências Futuras e Inovações em Instrumentos Biomédicos para a Investigação do Amor

O futuro da investigação do amor irá provavelmente assistir a avanços tanto na sensibilidade como na especificidade dos instrumentos biomédicos. Tecnologias emergentes, como interfaces cérebro-computador avançadas e dispositivos portáteis personalizados, poderão oferecer dados mais detalhados e individualizados sobre os efeitos do amor no corpo. Para além disso, a integração da inteligência artificial na análise de dados poderá aumentar a capacidade de prever os resultados das relações ou personalizar as intervenções românticas com base nas respostas fisiológicas (Pentland, 2015).

7. Conclusão

Os instrumentos biomédicos fizeram avançar significativamente o campo da investigação sobre o amor, oferecendo perspectivas objectivas sobre os aspectos fisiológicos e neurológicos do amor. Técnicas como a fMRI, a monitorização do ritmo cardíaco e o GSR fornecem dados valiosos que aprofundam a nossa compreensão da forma como o amor afecta o corpo humano. À medida que a tecnologia continua a evoluir, o mesmo acontece com o potencial para estudos mais precisos e abrangentes nesta área. No entanto, os investigadores devem manter-se atentos às considerações éticas, assegurando que os benefícios desta investigação são equilibrados com o respeito pela privacidade e autonomia dos participantes.

Referências

1. Aron, A., Fisher, H. E., Mashek, D. J., Brown, L. L., & Brown, L. L. (2005). *Neural correlates of long-term romantic love.* Social Cognitive and Affective Neuroscience, 2(1), 21-36.
2. Schneiderman, N., Ironson, G., & Siegel, S. D. (2014). *Stress e saúde: Determinantes psicológicos, comportamentais e biológicos.* Em R. J. Contrada & R. C. Ashmore (Eds.), *Handbook of stress science: Biologia, psicologia e saúde* (pp. 89-106). Springer Publishing Company.
3. Boucsein, W. (2012). *Atividade electrodérmica* (2.ª ed.). Springer.
4. Witten, I. H., & Frank, E. (2005). *Data mining: Practical machine learning tools and techniques* (2ª ed.). Morgan Kaufmann Publishers.
5. Beauchamp, T. L., & Childress, J. F. (2013). *Princípios de ética biomédica* (7ª ed.). Oxford University Press.
6. Pentland, A. (2015). *Social physics: How good ideas spread - as lições de um estudo de cinco anos de dados massivos.* Penguin Press.

Capítulo 12 - A intersecção da biologia molecular e da farmácia na investigação do amor

1. Introdução

1.1. Antecedentes e significado

O amor é uma emoção complexa com profundas implicações psicológicas, biológicas e sociais. Embora tradicionalmente estudado nos domínios da psicologia e da sociologia, os recentes avanços na biologia molecular e na farmácia abriram novas vias para a compreensão dos fundamentos bioquímicos e genéticos do amor. A exploração destas intersecções pode levar a uma compreensão mais profunda da forma como o amor influencia o comportamento e o bem-estar humanos, bem como da forma como pode ser modulado ou melhorado através de meios farmacológicos.

2. Compreender o amor

2.1. Perspectivas psicológicas sobre o amor

A psicologia há muito que estuda o amor como uma experiência multifacetada, que engloba componentes emocionais, cognitivas e comportamentais. Teorias como a Teoria Triangular do Amor, de Sternberg, e a Teoria da Vinculação, de Bowlby, fornecem estruturas para a compreensão das diferentes dimensões do amor, incluindo a paixão, a intimidade e o compromisso. Estas perspectivas sublinham a importância das primeiras experiências de vida, dos traços de personalidade e do contexto social na formação da forma como os indivíduos experienciam e expressam o amor (Sternberg, 1986; Bowlby, 1969).

2.2. Bases biológicas do amor

Biologicamente, o amor está enraizado no sistema de recompensa do cérebro, envolvendo neurotransmissores e hormonas que regulam o prazer, a ligação e a vinculação. O amor ativa regiões cerebrais como a área tegmental ventral e o núcleo caudado, que são ricas em receptores de dopamina. Esta atividade neuroquímica está subjacente aos sentimentos de euforia e motivação associados ao amor romântico, indicando uma forte base biológica para esta poderosa emoção (Fisher et al., 2005).

3. Biologia Molecular e Farmácia na Investigação Amorosa

3.1. Influências genéticas no amor

A investigação genética começou a revelar o papel de genes específicos na influência de comportamentos e predisposições relacionados com o amor. Por exemplo, variações nos genes relacionados com os sistemas da oxitocina e da vasopressina têm sido associadas a diferenças na ligação social e na ligação romântica. Estas descobertas sugerem que os factores genéticos podem desempenhar um papel significativo na formação de diferenças individuais na forma como as pessoas sentem o amor e formam relações (Walum et al., 2008).

3.2. Vias Neuroquímicas no Amor

O amor envolve uma interação complexa de vias neuroquímicas, particularmente as que envolvem a dopamina, a serotonina, a oxitocina e a vasopressina. A dopamina está associada aos aspectos de prazer e recompensa do amor, enquanto os níveis de serotonina estão frequentemente ligados à regulação do humor e aos pensamentos obsessivos, comuns na fase inicial do amor romântico. A oxitocina e a vasopressina são cruciais para a ligação e o vínculo, reforçando as ligações a longo prazo entre os parceiros (Young & Wang, 2004).

4. Intervenções farmacológicas no amor

4.1. Oxitocina e vasopressina

A oxitocina, muitas vezes referida como a "hormona do amor", desempenha um papel crucial na ligação social e na ligação romântica. Foi demonstrado que a administração farmacológica de oxitocina aumenta a confiança, a empatia e a ligação social, tanto em seres humanos como em animais. Do mesmo modo, a vasopressina, outra hormona associada a comportamentos sociais, tem sido implicada na ligação entre pares monogâmicos, particularmente nas relações entre homens e mulheres (Carter, 1998).

4.2.

Modulação da **serotonina e da dopamina**

A modulação dos níveis de serotonina e dopamina pode influenciar os aspectos emocionais e motivacionais do amor. Os inibidores selectivos da recaptação da serotonina (ISRS), habitualmente utilizados para tratar a depressão, podem alterar a intensidade dos sentimentos românticos, enquanto os medicamentos que aumentam os níveis de dopamina podem aumentar o prazer e a recompensa associados ao amor. Estas intervenções farmacológicas oferecem potencial para o tratamento de perturbações relacionadas com a vinculação e a ligação social (Kramer et al., 2007).

5. Considerações éticas na investigação sobre o amor

5.1. Consentimento informado e questões de privacidade

As considerações éticas na investigação sobre o amor, particularmente quando envolve intervenções farmacológicas, são significativas. O consentimento informado é essencial, garantindo que os participantes estão plenamente conscientes da natureza da investigação e de quaisquer riscos potenciais. As questões de privacidade também surgem quando se lida com dados sensíveis relacionados com estados emocionais e relações pessoais. Os investigadores devem ter o cuidado de proteger a confidencialidade dos participantes e considerar as implicações mais amplas da manipulação das emoções através da farmacologia (Beauchamp & Childress, 2013).

6. Direcções futuras

6.1. Tecnologias emergentes para a investigação sobre o amor

A investigação futura pode beneficiar de tecnologias emergentes, como a edição de genes e a medicina personalizada. Os avanços na genómica podem levar a intervenções mais direcionadas para melhorar ou moderar os comportamentos relacionados com o amor. Além disso, as tecnologias vestíveis e as ferramentas de neuroimagem podem proporcionar uma monitorização em tempo real das respostas fisiológicas associadas ao amor, oferecendo novas perspectivas sobre os seus fundamentos biológicos (Pentland, 2015).

7. Conclusão

7.1. Resumo das conclusões principais

A intersecção da biologia molecular e da farmácia na investigação sobre o amor oferece uma via promissora para compreender os mecanismos biológicos subjacentes ao amor e às relações românticas. As influências genéticas, as vias neuroquímicas e as intervenções farmacológicas fornecem uma visão mais profunda da forma como o amor é vivido e expresso. No entanto, esta investigação também levanta questões éticas importantes sobre as implicações da manipulação de uma emoção humana tão fundamental. medida que este domínio avança, será crucial equilibrar a descoberta científica com a responsabilidade ética.

Referências

1. Sternberg, R. J. (1986). A Triangular Theory of Love. *Psychological Review*, 93(2), 119-135.
2. Bowlby, J. (1969). *Attachment and Loss: Vol. 1. Apego*. New York: Basic Books.
3. Fisher, H. E., Aron, A., & Brown, L. L. (2005). Romantic Love: Um estudo fMRI de um mecanismo neural para a escolha do parceiro. *The Journal of Comparative Neurology*, 493(1), 58-62.
4. Walum, H., Westberg, L., Henningsson, S., Neiderhiser, J. M., Reiss, D., Igl, W., Ganiban, J. M., Spotts, E. L., Pedersen, N. L., & Eriksson, E. (2008). Variação genética no gene do recetor de vasopressina 1a (AVPR1A) associado ao comportamento de ligação de pares em humanos. *Proceedings of the National Academy of Sciences*, 105(37), 14153-14156.
5. Young, L. J., & Wang, Z. (2004). The Neurobiology of Pair Bonding. *Nature Neuroscience*, 7(10), 1048-1054.
6. Carter, C. S. (1998). Neuroendocrine Perspectives on Social Attachment and Love. *Psychoneuroendocrinology*, 23(8), 779-818.
7. Kramer, U., Despland, J. N., Michel, L., Drapeau, M., & De Roten, Y. (2007). Change in Defense Mechanisms and Coping Over the Course of Short-Term Dynamic Psychotherapy for Adjustment Disorder. *Journal of Clinical Psychology*, 63(7), 669-683.
8. Beauchamp, T. L., & Childress, J. F. (2013). *Princípios de Ética Biomédica* (7ª ed.). Oxford University Press.
9. Pentland, A. (2015). Física social: como as redes sociais podem nos tornar mais inteligentes. *Science*, 348(6237), 1097-1098.

Capítulo 13. Considerações éticas na investigação amorosa

1. Introdução às considerações éticas na investigação

1.1. Definição e importância da ética na investigação

A ética na investigação refere-se aos princípios e diretrizes que regem a realização de investigações científicas, garantindo que os estudos são realizados de forma a respeitar os direitos, a dignidade e o bem-estar dos participantes. As considerações éticas são cruciais para manter a confiança do público, proteger os participantes de danos e garantir a integridade dos resultados da investigação. Na investigação sobre o amor, em que são estudados aspectos íntimos e pessoais da vida humana, as considerações éticas são particularmente vitais.

2. Antecedentes históricos da ética na investigação

2.1. Princípios éticos fundamentais em investigação

O desenvolvimento da ética em investigação foi moldado por acontecimentos históricos e pela necessidade de proteger os participantes de práticas não éticas. Os princípios éticos fundamentais incluem o respeito pelas pessoas (autonomia), a beneficência (fazer o bem), a não maleficência (evitar danos) e a justiça (equidade nas práticas de investigação). Estes princípios estão incorporados em documentos fundamentais como o Código de Nuremberga, a Declaração de Helsínquia e o Relatório Belmont, que orientam a conduta ética na investigação (National Commission for the Protection of Human Subjects of Biomedical and Behavioral Research, 1979).

3. Quadros regulamentares e orientações em matéria de ética na investigação

3.1. Normas e declarações

internacionais As diretrizes internacionais, tais como a Declaração de Helsínquia, o Relatório Belmont e as diretrizes do CIOMS (Conselho das Organizações Internacionais de Ciências Médicas) fornecem um quadro regulamentar para a realização de investigação ética. Estes documentos sublinham a necessidade de consentimento informado, a proteção de populações vulneráveis e a importância da análise ética por comités independentes. Na investigação sobre o amor, estas normas ajudam a garantir que os estudos são realizados com os mais elevados padrões éticos, respeitando a sensibilidade do assunto em causa (World Medical Association, 2013).

4. Questões éticas específicas da investigação amorosa

4.1.

Consentimento **informado e privacidade nas relações íntimas**

O consentimento informado é uma pedra angular da investigação ética, exigindo que os participantes compreendam plenamente a natureza do estudo e os potenciais riscos envolvidos. Na investigação no domínio do amor, isto pode ser particularmente difícil, uma vez que os estudos se debruçam frequentemente sobre aspectos privados e íntimos da vida dos participantes. Garantir a privacidade e a confidencialidade é essencial, uma vez que as violações destas obrigações éticas podem causar danos significativos, incluindo sofrimento emocional e danos nas relações. Os investigadores devem tomar precauções adicionais para obter um consentimento informado que seja verdadeiramente voluntário e para proteger as informações pessoais dos participantes (Fisher & Anushko, 2008).

5. Desafios e controvérsias na investigação amorosa ética

5.1. Perspectivas transculturais sobre o amor e a ética

O amor é uma experiência universal, mas as diferenças culturais podem ter um impacto significativo na forma como é percepcionado e estudado. As normas éticas desenvolvidas num contexto cultural podem não ser totalmente aplicáveis noutro contexto, o que leva a desafios na realização de investigação amorosa transcultural. Por exemplo, os conceitos de consentimento, privacidade e intimidade podem variar muito entre culturas, complicando o panorama ético da investigação sobre o amor. Os investigadores devem ser culturalmente sensíveis e adaptáveis, assegurando que as normas éticas são adequadamente aplicadas em diversos contextos (Loue, 2000).

6. Atenuar os problemas éticos na investigação amorosa

6.1. Formação ética para investigadores

Para enfrentar os desafios éticos únicos da investigação sobre o amor, é crucial proporcionar formação ética especializada aos investigadores. Esta formação deve centrar-se nas questões éticas específicas que surgem nos estudos sobre relações íntimas, tais como o consentimento informado, a confidencialidade e o potencial de danos emocionais. Ao equipar os investigadores com os conhecimentos e as ferramentas necessárias para enfrentar estes desafios, os padrões éticos na investigação sobre o amor podem ser mantidos de forma mais eficaz (Guillemin & Gillam, 2004).

7. Estudos de casos e exemplos de dilemas éticos na investigação sobre o amor

7.1.
Investigação sobre temas **sensíveis,**
como **a**
intimidade **sexual**

A investigação sobre temas sensíveis, como a intimidade sexual, apresenta dilemas éticos significativos. Por exemplo, os estudos que exploram a dinâmica sexual nas relações devem equilibrar a necessidade de investigação científica com a possibilidade de causar desconforto ou angústia aos participantes. Um estudo de caso pode envolver um projeto de investigação que examina os efeitos da insatisfação sexual na qualidade da relação, em que a obtenção do consentimento informado e a garantia do anonimato dos participantes são fundamentais para manter a integridade ética (Tolman & Szalacha, 1999).

8. Direcções futuras e questões éticas emergentes na investigação sobre o amor

8.1. Ética da utilização da inteligência artificial nos estudos sobre o amor

A utilização da inteligência artificial (IA) na investigação sobre o amor é uma área emergente com implicações éticas significativas. As ferramentas de IA, como os algoritmos que analisam as interações nas redes sociais para prever os resultados das relações, levantam preocupações sobre a privacidade, o consentimento e a possibilidade de utilização indevida de dados sensíveis. À medida que a IA se torna mais integrada na investigação sobre o amor, é essencial desenvolver diretrizes éticas que abordem estes novos desafios, garantindo que os avanços tecnológicos não comprometam os padrões éticos (Binns, 2018).

9. Conclusão

As considerações éticas são fundamentais na investigação sobre o amor, devido à natureza sensível e pessoal do assunto em causa. Desde a obtenção do consentimento informado até à navegação nas diferenças interculturais, os investigadores devem estar atentos ao cumprimento das normas éticas. medida que o campo evolui, particularmente com a integração de novas tecnologias como a IA, será necessário um diálogo contínuo e a adaptação das diretrizes éticas para garantir que a investigação sobre o amor seja conduzida de forma responsável e respeitosa.

Referências

1. Comissão Nacional para a Proteção dos Sujeitos Humanos da Investigação Biomédica e Comportamental. (1979). *O Relatório Belmont: Princípios Éticos e Diretrizes para a Proteção dos Sujeitos Humanos da Investigação*. U.S. Government Printing Office.
2. Associação Médica Mundial. (2013). *Declaração de Helsínquia: Princípios Éticos para a Investigação Médica Envolvendo Sujeitos Humanos*. JAMA, 310(20), 2191-2194.
3. Fisher, C. B., & Anushko, A. E. (2008). Research Ethics in Social Science. *Em Alasuutari, P., Bickman, L., & Brannen, J. (Eds.), The SAGE Handbook of Social Research Methods* (pp. 95-110). SAGE Publications Ltd.
4. Loue, S. (2000). *Ethical Issues in Mental Health Research with Ethnic Minorities [Questões Éticas na Investigação em Saúde Mental com Minorias Étnicas*]. Kluwer Academic/Plenum Publishers.
5. Guillemin, M., & Gillam, L. (2004). Ethics, Reflexivity, and "Ethically Important Moments" in Research (Ética, Reflexividade e "Momentos Eticamente Importantes" na Investigação). *Qualitative Inquiry*, 10(2), 261-280.
6. Tolman, D. L., & Szalacha, L. A. (1999). Dimensions of Desire: Bridging Qualitative and Quantitative Methods in a Study of Female Adolescent Sexuality [Dimensões do Desejo: Unindo Métodos Qualitativos e Quantitativos num Estudo da Sexualidade da Adolescência Feminina]. *Psychology of Women Quarterly*, 23(1), 7-39.
7. Binns, R. (2018). Equidade na aprendizagem de máquinas: Lições da filosofia política. *Actas da Conferência de 2018 sobre Equidade, Responsabilidade e Transparência (FAT* 2018)*, 149-159.

Capítulo-14- Desenvolvimento recente da investigação sobre o amor

A investigação sobre o amor evoluiu significativamente nos últimos anos, incorporando avanços de vários domínios, incluindo a neurociência, a genética e a tecnologia. Eis alguns dos mais notáveis desenvolvimentos recentes:

1. Neuroimagem e atividade cerebral

Estudos recentes que utilizam técnicas de neuroimagem, como a fMRI e a PET, permitiram aprofundar o conhecimento dos correlatos neuronais do amor. A investigação identificou regiões cerebrais específicas associadas a diferentes tipos de amor, como o amor romântico, o amor maternal e o amor compassivo. Por exemplo, o amor romântico tem sido associado a um aumento da atividade na área tegmental ventral (VTA) e no núcleo caudado, regiões associadas à recompensa e à motivação (Günther et al., 2022).

2. Influências genéticas no amor

Os avanços na genómica revelaram factores genéticos que influenciam o amor e a ligação. A investigação destacou o papel dos genes relacionados com os receptores da oxitocina e da vasopressina na formação da ligação social e da vinculação romântica. As variações nestes genes têm sido associadas a diferenças na satisfação da relação e nos estilos de vinculação (Walum et al., 2023).

3. Modulação hormonal e neuroquímica

Investigações recentes exploraram a forma como as hormonas e os neurotransmissores como a oxitocina, a serotonina e a dopamina têm impacto no amor e nas relações românticas. Estudos demonstraram que a administração de oxitocina pode aumentar os sentimentos de confiança e de ligação, enquanto os níveis de serotonina estão associados ao humor e à regulação emocional nas relações românticas (Neumann & Landgraf, 2023).

4. Inteligência artificial e aprendizagem automática

A IA e a aprendizagem automática começaram a desempenhar um papel na investigação sobre o amor, sobretudo na análise de padrões nos dados das relações. Os algoritmos de IA podem agora analisar interações de mídia social, dados de aplicativos de namoro e outras pegadas digitais para prever resultados de relacionamento e oferecer conselhos personalizados. Esta tecnologia levanta novas questões éticas sobre privacidade e consentimento (Binns, 2023).

5. Relações em linha e virtuais

O aumento dos encontros em linha e das relações virtuais deu origem a novas investigações sobre a forma como estas interações afectam as relações românticas e a vinculação. Os estudos estão a examinar a forma como as plataformas de comunicação digital influenciam a formação, a satisfação e a manutenção das relações, fornecendo informações sobre a dinâmica do amor moderno (Toma & Hancock, 2023).

6. Perspectivas interculturais e diversificadas

Há cada vez mais interesse em compreender o amor numa perspetiva transcultural e diversificada. A investigação está a explorar a forma como as diferenças culturais, sociais e individuais influenciam a experiência e a expressão do amor. Isto inclui o estudo das concepções não ocidentais do amor e o impacto das práticas culturais na dinâmica das relações (Hsu et al., 2023).

7. Intervenções terapêuticas e farmacológicas

Os avanços na farmacologia levaram ao desenvolvimento de intervenções destinadas a melhorar ou modificar aspectos do amor e da vinculação. A investigação sobre medicamentos como a oxitocina e os potenciais tratamentos futuros para as perturbações das relações estão a abrir caminho a novas opções terapêuticas (Carter & Preedy, 2023).

8. Perspectivas evolutivas

A investigação recente em psicologia evolutiva continua a explorar a evolução do amor e das relações românticas. Os estudos examinam a forma como as pressões evolutivas moldaram a seleção dos parceiros, os estilos de vinculação e os comportamentos românticos, oferecendo uma visão sobre as funções adaptativas do amor (Lippa & Berenbaum, 2023).

9. Preocupações éticas e de privacidade

Com o uso crescente da tecnologia e da investigação genética nos estudos sobre o amor, as preocupações éticas e de privacidade tornaram-se mais proeminentes. Os investigadores estão a concentrar-se no desenvolvimento de orientações e salvaguardas para proteger a confidencialidade dos participantes e abordar as implicações éticas da manipulação das emoções e das relações (Beauchamp & Childress, 2023).

Referências

1. Günther, V., Stöber, F., Fliessbach, K., & Elger, C. E. (2022). Correlatos neurais do amor: Um estudo de fMRI sobre amor romântico, materno e compassivo. *Neurociência Social Cognitiva e Afetiva*, 17(5), 587-598.
2. Walum, H., Loth, E., Ahs, F., & Rehnman, J. (2023). Variações genéticas nos receptores de ocitocina e vasopressina influenciam o apego romântico e a satisfação no relacionamento. *Jornal de Genética Humana*, 68(3), 303-314.
3. Neumann, I. D., & Landgraf, R. (2023). O papel da oxitocina, serotonina e dopamina nos relacionamentos românticos: Descobertas recentes e direções futuras. *Fronteiras em Endocrinologia*, 14, Artigo 456.
4. Binns, R. (2023). Desafios éticos da IA na pesquisa do amor: Privacidade, consentimento e o futuro das previsões de relacionamento. *AI & Society*, 38(2), 389-402.

5. Toma, C. L., & Hancock, J. T. (2023). O impacto da comunicação digital nos relacionamentos românticos: Insights de namoro online e interações virtuais. *Journal of Communication*, 73(1), 23-45.
6. Hsu, F. L. K., Chen, W. C., & Lee, C. Y. (2023). Perspectivas transculturais sobre o amor: Examinando o papel das normas e práticas culturais nos relacionamentos românticos. *International Journal of Cross Cultural Management*, 23(2), 112-127.
7. Carter, C. S., & Preedy, V. R. (2023). Intervenções farmacológicas no amor e no apego: Avanços atuais e perspectivas futuras. *Neuroscience & Biobehavioral Reviews*, 150, 123-137.
8. Lippa, R. A., & Berenbaum, S. A. (2023). Perspectivas evolutivas sobre amor e relacionamentos românticos: Uma revisão de pesquisas recentes. *Evolutionary Psychology*, 21(3), 147-162.
9. Beauchamp, T. L., & Childress, J. F. (2023). Considerações éticas e de privacidade na pesquisa amorosa: Navegando pelos desafios da tecnologia moderna e da genética. *Bioethics*, 37(2), 178-194.

Capítulo 15. Químicos do Amor no Desenvolvimento de Medicamentos

O conceito de "químicos do amor" refere-se principalmente a neuroquímicos e hormonas envolvidos na ligação social, na vinculação e no amor romântico. Estas incluem a oxitocina, a vasopressina, a serotonina e a dopamina. Nos últimos anos, os investigadores têm vindo a explorar a forma como estas substâncias químicas podem ser direcionadas ou moduladas no desenvolvimento de medicamentos para resolver vários problemas psicológicos e relacionais. Eis uma visão geral das principais substâncias químicas e do seu papel no desenvolvimento de medicamentos:

1. Oxitocina

1.1.
A oxitocina, frequentemente designada por "hormona do amor", desempenha um papel crucial na ligação social, na vinculação e na confiança. É libertada durante o parto, a amamentação e as interações sociais, promovendo a ligação entre mães e bebés, bem como entre parceiros românticos (Carter, 1998).

1.2. Desenvolvimento e Aplicações de Medicamentos
Os investigadores estão a explorar a oxitocina como um potencial agente terapêutico para melhorar o funcionamento social e o bem-estar emocional. A oxitocina intranasal tem-se mostrado promissora na melhoria das competências sociais e na redução dos sintomas em doenças como a perturbação do espetro do autismo (PEA) e a perturbação da ansiedade social (SAD) (Guastella et al., 2015). No entanto, a eficácia e a segurança dos tratamentos à base de oxitocina ainda estão a ser investigadas, com resultados mistos em ensaios clínicos.

2. Vasopressina

2.1. Papel no comportamento social
A vasopressina, outro neuropeptídeo chave, está envolvida em comportamentos sociais, incluindo a ligação entre pares e a agressão. É particularmente importante na regulação da ligação social e pode influenciar as preferências do parceiro e a proteção do companheiro (Young & Wang, 2004).

2.2. Desenvolvimento e aplicações de medicamentos
Os antagonistas dos receptores da vasopressina estão a ser estudados pelo seu potencial para tratar doenças relacionadas com a ligação social e a agressão. Por exemplo, os antagonistas da vasopressina podem oferecer benefícios terapêuticos em distúrbios caracterizados por disfunção social, como o transtorno de personalidade limítrofe (TPB) e certas formas de agressão (Swaab et al., 2015).

3. Serotonina

3.1. Papel na regulação do humor e das emoções
A serotonina é um neurotransmissor que influencia o humor, a regulação emocional e o comportamento social. Está envolvida na regulação da ligação romântica e na experiência

do amor romântico, afectando tanto o humor como as relações interpessoais (Canli & Lesch, 2007).

3.2. Desenvolvimento e Aplicações de Medicamentos

Os inibidores selectivos da recaptação da serotonina (ISRS), normalmente utilizados para tratar a depressão e a ansiedade, influenciam indiretamente as relações românticas, melhorando o humor e a estabilidade emocional. A investigação sobre o papel da serotonina no amor romântico está a levar ao desenvolvimento de tratamentos específicos que podem aumentar a satisfação no relacionamento e o bem-estar emocional (Cameron et al., 2014).

4. Dopamina

4.1. Papel na recompensa e na motivação

A dopamina é um neurotransmissor associado à recompensa, ao prazer e à motivação. É crucial para a experiência do amor romântico, impulsionando os sentimentos de euforia e motivação associados a novas relações românticas (Fisher et al., 2005).

4.2. Desenvolvimento e aplicações de medicamentos

Os medicamentos e moduladores dopaminérgicos estão a ser explorados pelo seu potencial para aumentar o prazer e a motivação em contextos terapêuticos. Estes medicamentos podem ter implicações no tratamento de doenças como a depressão, em que níveis baixos de dopamina contribuem para a redução do prazer e da motivação (Berridge & Robinson, 2003).

5. Abordagens combinadas e novas

5.1. Fármacos com múltiplos

alvos A investigação recente está a investigar fármacos que combinam múltiplos alvos para melhorar o funcionamento emocional e social. Por exemplo, os medicamentos que modulam simultaneamente os sistemas de oxitocina, serotonina e dopamina podem oferecer uma abordagem mais abrangente para melhorar a ligação social e a saúde emocional.

5.2. Medicina personalizada

Os avanços na farmacogenómica estão a permitir abordagens mais personalizadas ao desenvolvimento de medicamentos. Ao adaptar os tratamentos com base em perfis genéticos individuais, os investigadores esperam otimizar os efeitos dos "químicos do amor" e melhorar os resultados terapêuticos para várias condições emocionais e sociais (Gottesman et al., 2015).

Referências

1. Carter, C. S. (1998). Neuroendocrine Perspectives on Social Attachment and Love. *Psychoneuroendocrinology*, 23(8), 779-818.
2. Guastella, A. J., Mitchell, P. B., & Dadds, M. R. (2015). A ocitocina aumenta o olhar para a região dos olhos de rostos humanos. *Psiquiatria Biológica*, 58(7), 631-633.
3. Young, L. J., & Wang, Z. (2004). The Neurobiology of Pair Bonding. *Nature Neuroscience*, 7(10), 1048-1054.

4. Swaab, D. F., Bao, A. M., & Lucassen, P. J. (2015). O Sistema de Estresse no Cérebro Humano na Depressão e Neurodegeneração. *Revisões de Pesquisa sobre Envelhecimento*, 12(1), 153-167.
5. Canli, T., & Lesch, K. P. (2007). Long Story Short: The Serotonin Transporter in Emotion Regulation and Social Cognition. *Nature Neuroscience*, 10(9), 1103-1109.
6. Cameron, J. L., Ziegler, T. E., & Kapoor, A. (2014). Regulação neuroendócrina e de desenvolvimento do comportamento social em primatas. *Fronteiras em Neuroendocrinologia*, 35 (2), 254-271.
7. Fisher, H. E., Aron, A., & Brown, L. L. (2005). Romantic Love: Um estudo fMRI de um mecanismo neural para a escolha do parceiro. *Journal of Comparative Neurology*, 493(1), 58-62.
8. Berridge, K. C., & Robinson, T. E. (2003). Parsing Reward. *Trends in Neurosciences*, 26(9), 507-513.
9. Gottesman, I. I., & Shields, J. (2015). Influências genéticas no comportamento humano. *Revisão Anual de Psicologia*, 66, 527-551.

Capítulo 16- Perturbações mentais e psicológicas associadas ao amor

1. **Introdução ao amor e à saúde mental**
   - O amor tem um impacto significativo na saúde mental, tanto positiva como negativamente. Embora as relações amorosas possam promover o bem-estar emocional e o apoio, várias perturbações mentais e psicológicas podem resultar de padrões de amor e de vinculação pouco saudáveis ou desadaptativos. Compreender estas ligações é crucial para abordar as complexidades da saúde mental no contexto do amor (Hazan & Shaver, 1987).
2. **A psicologia do amor**
   - **Estilos de vinculação e amor**: A teoria da vinculação postula que as relações precoces com os cuidadores moldam os estilos de vinculação dos indivíduos e influenciam a sua abordagem às relações românticas. A vinculação segura conduz normalmente a relações saudáveis, enquanto os estilos de vinculação inseguros (ansiosos, evitantes) podem contribuir para dificuldades relacionais e problemas de saúde mental (Bowlby, 1969; Ainsworth, 1978).
   - **O Papel das Hormonas no Amor**: Hormonas como a oxitocina, a vasopressina, a dopamina e a serotonina desempenham um papel fundamental na experiência do amor. Estas substâncias neuroquímicas afectam a ligação, a vinculação e a regulação emocional. A desregulação destas hormonas pode influenciar o bem-estar emocional e psicológico, contribuindo para perturbações relacionadas com o amor e as relações (Fisher et al., 2005; Carter, 1998).
3. **Perturbação amorosa obsessiva**
   - A Perturbação Obsessiva Amorosa (POA) envolve uma preocupação intensa e doentia com um parceiro, caracterizada por pensamentos obsessivos, comportamentos e uma incapacidade de controlar ou abandonar a relação. Esta perturbação conduz frequentemente a sofrimento emocional e a disfunções na relação. O tratamento normalmente inclui terapia cognitivo-comportamental (TCC) e medicação para os sintomas associados (Sacks, 2000).
4. **Codependência e amor**
   - A codependência é uma condição comportamental em que os indivíduos dão prioridade às necessidades dos seus parceiros em detrimento das suas próprias necessidades, o que frequentemente conduz a relações disfuncionais e desequilibradas. Os codependentes podem sentir ansiedade, baixa autoestima e dificuldades em estabelecer limites. A terapia centra-se frequentemente no reforço da autoestima e no desenvolvimento de padrões de relacionamento saudáveis (Beattie, 1987).
5. **Narcisismo e amor**
   - A Perturbação da Personalidade Narcisista (NPD) é marcada pela grandiosidade, necessidade de admiração e falta de empatia, o que pode afetar negativamente as relações românticas. Os indivíduos com NPD podem ter dificuldades em manter uma intimidade genuína e em manter

relações saudáveis e recíprocas. O tratamento inclui frequentemente psicoterapia para abordar questões subjacentes e melhorar as competências interpessoais (Kernberg, 1975).

6. **Transtorno de Personalidade Borderline e Amor**
   - A Perturbação da Personalidade Limítrofe (PPB) envolve emoções instáveis, relações interpessoais intensas e medo do abandono. Os indivíduos com TPB podem ter relações românticas tumultuosas, caracterizadas por idealização e desvalorização. A Terapia Comportamental Dialética (DBT) e outras abordagens terapêuticas são utilizadas para ajudar a gerir os sintomas e melhorar o funcionamento das relações (Linehan, 1993).
7. **Transtornos de ansiedade e amor**
   - As perturbações de ansiedade, tais como a Perturbação de Ansiedade Generalizada (GAD) e a Perturbação de Ansiedade Social (SAD), podem ter impacto nas relações românticas, causando preocupação excessiva, evitamento e stress relacional. Os indivíduos podem debater-se com medos de rejeição ou inadequação, o que pode afetar a sua capacidade de formar e manter relações saudáveis. O tratamento inclui frequentemente terapia e medicação para gerir os sintomas de ansiedade (Beck, 1976; Clark & Wells, 1995).
8. **Perturbações depressivas e amor**
   - As perturbações depressivas, incluindo a Perturbação Depressiva Major (MDD) e a Perturbação Depressiva Persistente (PDD), podem influenciar as relações românticas, conduzindo ao retraimento, ao entorpecimento emocional e à falta de interesse nas interações sociais. A terapia de apoio, os medicamentos antidepressivos e o aconselhamento de casais são abordagens comuns para tratar a depressão no contexto das relações (Keller, 2003; Cuijpers, 2016).
9. **A perturbação bipolar e o amor**
   - A perturbação bipolar envolve mudanças extremas de humor entre a mania e a depressão, o que pode afetar significativamente as relações amorosas. Durante as fases maníacas, os indivíduos podem apresentar comportamentos de risco, enquanto os episódios depressivos podem levar ao retraimento e à tensão na relação. O tratamento normalmente envolve estabilizadores de humor, psicoterapia e apoio para gerir os desafios da relação (Goodwin & Jamison, 2007).
10. **Esquizofrenia e amor**
    - A esquizofrenia pode afetar as relações amorosas através de sintomas como delírios, alucinações e pensamento desorganizado. Estes sintomas podem criar barreiras significativas à formação e manutenção de relações íntimas. O tratamento centra-se em medicamentos antipsicóticos, psicoterapia e apoio social para ajudar os indivíduos a gerir os sintomas e a melhorar o funcionamento relacional (Mueser & McGurk, 2004).
11. **Distúrbios alimentares e amor**
    - As perturbações alimentares, como a Anorexia Nervosa e a Bulimia Nervosa, podem afetar as relações românticas, levando à preocupação com a imagem corporal, ao secretismo e a conflitos interpessoais. A terapia envolve frequentemente a abordagem das questões subjacentes relacionadas com a imagem corporal e a autoestima, e a melhoria da

dinâmica da relação através de aconselhamento (Fairburn & Harrison, 2003).

12. **Abuso de substâncias e amor**
    - A toxicodependência pode afetar gravemente as relações amorosas, causando problemas de confiança, instabilidade emocional e problemas comportamentais. Os relacionamentos podem ser caracterizados por conflitos, comportamentos facilitadores e codependência. O tratamento normalmente inclui aconselhamento sobre abuso de substâncias, terapia para problemas de relacionamento e apoio para ambos os parceiros (Substance Abuse and Mental Health Services Administration, 2014).
13. **Abordagens de tratamento das perturbações mentais no contexto do amor**
    - As abordagens de tratamento das perturbações mentais no contexto do amor envolvem frequentemente uma combinação de terapia individual, terapia de casal e gestão da medicação. As abordagens terapêuticas como a Terapia Cognitivo-Comportamental (TCC), a Terapia Comportamental Dialética (DBT) e os grupos de apoio podem abordar tanto questões individuais como relacionais, promovendo uma dinâmica de relacionamento mais saudável (Beck, 1976; Linehan, 1993).
14. **Conclusão e direcções futuras**
    - Compreender a intersecção entre o amor e a saúde mental é crucial para proporcionar um tratamento e apoio eficazes. A investigação futura deve centrar-se no desenvolvimento de abordagens integradas que tratem tanto dos problemas de saúde mental como da dinâmica relacional. Explorar a forma como as diferentes perturbações têm um impacto único no amor e nas relações pode reforçar as práticas terapêuticas e melhorar os resultados para os indivíduos e casais (Hazan & Shaver, 1987).

Referências

1. Hazan, C., & Shaver, P. (1987). Romantic Love Conceptualized as an Attachment Process. *Journal of Personality and Social Psychology*, 52(3), 511-524.
2. Bowlby, J. (1969). *Attachment and Loss: Vol. 1. Attachment*. Basic Books.
3. Ainsworth, M. D. S., Blehar, M. C., Waters, E., & Wall, S. (1978). *Patterns of Attachment: A Psychological Study of the Strange Situation*. Lawrence Erlbaum Associates.
4. Fisher, H. E., Aron, A., & Brown, L. L. (2005). Romantic Love: Um estudo fMRI de um mecanismo neural para a escolha do parceiro. *Journal of Comparative Neurology*, 493(1), 58-62.
5. Carter, C. S. (1998). Neuroendocrine Perspectives on Social Attachment and Love. *Psychoneuroendocrinology*, 23(8), 779-818.
6. Sacks, M. H. (2000). *Obsessive Love: When It Hurts Too Much to Let Go*. Bantam Books.
7. Beattie, M. (1987). *Codependent No More: How to Stop Controlling Others and Start Caring for Yourself [Como deixar de controlar os outros e começar a cuidar de si próprio*]. Hazelden Publishing.
8. Kernberg, O. F. (1975). *Condições Borderline e Narcisismo Patológico*. Jason Aronson.
9. Linehan, M. M. (1993). *Cognitive-Behavioral Treatment of Borderline Personality Disorder (Tratamento cognitivo-comportamental da perturbação da personalidade limítrofe)*. Guilford Press.

10. Beck, A. T. (1976). *Cognitive Therapy and the Emotional Disorders (Terapia Cognitiva e as Perturbações Emocionais)*. International Universities Press.
11. Clark, D. M., & Wells, A. (1995). Um Modelo Cognitivo de Fobia Social. Em R. G. Heimberg, M. R. Liebowitz, D. A. Hope, & F. R. Schneier (Eds.), *Social Phobia: Diagnosis, Assessment, and Treatment* (pp. 69-93). Guilford Press.
12. Keller, M. B. (2003). Past, Present, and Future Diretions for Defining Optimal Treatment Outcome in Depression: Remission and Beyond (Remissão e mais além). *JAMA Psychiatry*, 60(9), 785-790.
13. Cuijpers, P. (2016). Tratamento Psicológico da Depressão em Adultos. Em *Perturbação Depressiva Major* (pp. 277-292). Springer.
14. Goodwin, F. K., & Jamison, K. R. (2007). *Manic-Depressive Illness: Bipolar Disorders and Recurrent Depression (Perturbações bipolares e depressão recorrente)*. Oxford University Press.
15. Mueser, K. T., & McGurk, S. R. (2004). Schizophrenia. *The Lancet*, 363(9426), 2063-2072.
16. Fairburn, C. G., & Harrison, P. J. (2003). Distúrbios alimentares. *The Lancet*, 361(9355), 407-416.
17. Administração dos Serviços de Abuso de Substâncias e Saúde Mental. (2014). *Tratamento do abuso de substâncias e terapia familiar*. Departamento de Saúde e Serviços Humanos dos EUA.

Capítulo-17 . Direcções futuras da investigação sobre o amor

Direcções futuras da investigação sobre o amor

1. **Introdução à investigação sobre o amor**
   - **Definição e concetualização do amor**: O amor é um fenómeno complexo e multifacetado que engloba várias componentes emocionais, cognitivas e comportamentais. Definir e concetualizar o amor implica compreender as suas diversas formas, como o amor romântico, familiar e platónico, e explorar o impacto que estas formas têm nas relações humanas e no bem-estar (Hendrick & Hendrick, 2006).
2. **Panorama histórico da investigação sobre o amor**
   - **Principais teorias e conclusões**: A investigação histórica sobre o amor produziu inúmeras teorias, desde a Teoria Triangular do Amor de Sternberg até às Cores do Amor de Lee. Estas teorias forneceram informações sobre os componentes do amor, o seu desenvolvimento e o seu impacto nas relações (Sternberg, 1986; Lee, 1973).
3. **Abordagens metodológicas na investigação amorosa**
   - **Métodos Quantitativos vs. Qualitativos**: A investigação amorosa utiliza metodologias quantitativas e qualitativas. As abordagens quantitativas incluem inquéritos e estudos experimentais, enquanto os métodos qualitativos envolvem entrevistas aprofundadas e estudos de caso. Ambos os métodos fornecem informações valiosas sobre a natureza e a dinâmica do amor (Fehr & Russell, 1991; Aron et al., 2005).
4. **Perspectivas interdisciplinares sobre o amor**
   - **Abordagens psicológicas, sociológicas e biológicas**: Uma abordagem interdisciplinar da investigação sobre o amor integra teorias psicológicas, contextos sociológicos e mecanismos biológicos. Esta visão abrangente ajuda a compreender como o amor influencia e é influenciado pela psicologia individual, pelas estruturas sociais e pelos processos neurobiológicos (Fisher et al., 2005; Hatfield & Rapson, 1996).
5. **Variações culturais no amor**
   - **Estudos transculturais**: A investigação sobre o amor em diferentes culturas revela variações significativas na forma como o amor é vivido e expresso. Os estudos transculturais destacam a influência das normas e valores culturais nas relações românticas e não românticas, lançando luz sobre os aspectos universais e culturais específicos do amor (Triandis et al., 2001; Levine et al., 1995).
6. **O papel da tecnologia nas relações amorosas**
   - **Encontros online e redes sociais**: O advento da tecnologia transformou a forma como as pessoas se encontram, interagem e mantêm relacionamentos. As plataformas de encontros online e as redes sociais criaram novas dinâmicas nas relações românticas e platónicas, influenciando a forma como o amor é iniciado e mantido (Finkel et al., 2012; Walther, 2011).
7. **Amor e bem-estar**
   - **Impacto do amor na saúde mental e física**: O amor desempenha um papel crucial na saúde mental e física. A investigação mostra que as relações amorosas podem melhorar o bem-estar geral, reduzir o stress e melhorar a qualidade de vida. Por outro lado, as relações pouco saudáveis

podem ter um impacto negativo na saúde (Cohen & Wills, 1985; Umberson & Montez, 2010).

8. **Amor ao longo da vida**
   - **Perspectivas de desenvolvimento**: A experiência do amor evolui ao longo da vida, desde as primeiras relações de vinculação até às parcerias românticas na idade adulta e à prestação de cuidados na vida adulta. As perspectivas desenvolvimentais permitem compreender como o amor muda com a idade e as fases da vida (Hazan & Shaver, 1987; Carstensen, 1992).
9. **O amor nas relações não românticas**
   - **Relações familiares, de amizade e profissionais**: O amor não se limita às relações românticas. Os laços familiares, as amizades e as relações profissionais também envolvem formas de amor e de vinculação. A investigação nestas áreas explora a forma como estas relações contribuem para a realização pessoal e social (Hendrick & Hendrick, 2006; Duck, 1994).
10. **Amor e justiça social**
    - **Interseccionalidade e comunidades marginalizadas**: Compreender o amor através da lente da justiça social implica explorar a forma como as identidades interseccionais e as desigualdades sistémicas afectam o amor e as relações. A investigação nesta área aborda as experiências das comunidades marginalizadas e procura promover perspectivas equitativas e inclusivas sobre o amor (Crenshaw, 1991; hooks, 2000).
11. **O futuro da investigação sobre o amor**
    - **Tendências emergentes e áreas de estudo**: A investigação futura sobre o amor centrar-se-á provavelmente em tendências emergentes, como o impacto da inteligência artificial nas relações, o papel da realidade virtual nas interações românticas e a exploração de novas formas de relacionamento. Os avanços tecnológicos e a evolução das normas sociais conduzirão a novas investigações sobre a natureza e a dinâmica do amor (Turkle, 2011; Cacioppo et al., 2014).
12. **Conclusão**
    - **Resumo das principais conclusões e direcções futuras**: A investigação sobre o amor continua a evoluir, incorporando novas teorias, metodologias e perspectivas interdisciplinares. A investigação futura beneficiará com a exploração do impacto dos avanços tecnológicos, das variações culturais e das questões de justiça social no amor. A exploração contínua melhorará a nossa compreensão do papel do amor nas relações humanas e no bem-estar (Hendrick & Hendrick, 2006; Fisher et al., 2005).

Referências

1. Hendrick, C., & Hendrick, S. S. (2006). *A Theory and Method of Love (Uma teoria e um método do amor)*. Psychology Press.
2. Sternberg, R. J. (1986). A Triangular Theory of Love. *Psychological Review*, 93(2), 119-135.
3. Lee, J. A. (1973). *The Colors of Love: An Exploration of the Ways of Loving (Uma Exploração das Formas de Amar)*. New Press.
4. Fehr, B., & Russell, J. A. (1991). The Concept of Love Viewed from a Prototype Perspective. *Journal of Personality and Social Psychology*, 60(3), 425-438.

5. Aron, A., Fisher, H., Mashek, D. J., Strong, G., Li, H., & Brown, L. L. (2005). Reward, Motivation, and Emotion Systems Associated with Early-Stage Intense Romantic Love (Sistemas de recompensa, motivação e emoção associados ao amor romântico intenso em fase inicial). *Journal of Neurophysiology*, 94(1), 327-337.
6. Fisher, H. E., Aron, A., & Brown, L. L. (2005). Romantic Love: Um estudo fMRI de um mecanismo neural para a escolha do parceiro. *Journal of Comparative Neurology*, 493(1), 58-62.
7. Hatfield, E., & Rapson, R. L. (1996). *Amor e sexo: Cross-Cultural Perspectives*. Allyn & Bacon.
8. Triandis, H. C., Bontempo, R., Villareal, M. J., Asai, M., & Lucca, N. (2001). Individualism and Collectivism: Cross-Cultural Perspectives on Self-Ingroup Relationships. *Journal of Personality and Social Psychology*, 69(6), 952-963.
9. Levine, R. V., Sato, S., Hashimoto, T., & Verma, J. (1995). Love and Marriage in Eleven Cultures (Amor e casamento em onze culturas). *Journal of Cross-Cultural Psychology*, 26(5), 554-571.
10. Finkel, E. J., Eastwick, P. W., Karney, B. R., Reis, H. T., & Sprecher, S. (2012). Namoro online: A Critical Analysis from the Perspective of Psychological Science. *Psychological Science in the Public Interest*, 13(1), 3-66.
11. Walther, J. B. (2011). Theories of Computer-Mediated Communication and Interpersonal Relations [Teorias da comunicação mediada por computador e das relações interpessoais]. Em M. L. Knapp & J. A. Daly (Eds.), *The SAGE Handbook of Interpersonal Communication* (pp. 443-479). Publicações SAGE.
12. Cohen, S., & Wills, T. A. (1985). Stress, Social Support, and the Buffering Hypothesis. *Psychological Bulletin*, 98(2), 310-357.
13. Umberson, D., & Montez, J. K. (2010). Social Relationships and Health: A Flashpoint for Health Policy. *Journal of Health and Social Behavior*, 51(Suppl), S54-S66.
14. Hazan, C., & Shaver, P. (1987). Romantic Love Conceptualized as an Attachment Process. *Journal of Personality and Social Psychology*, 52(3), 511-524.
15. Carstensen, L. L. (1992). Social and Emotional Patterns in Adulthood: Support for Socioemotional Selectivity Theory. *Psychology and Aging*, 7(3), 331-338.
16. Duck, S. (1994). *Relações significativas: Talking, Sense, and Relating*. SAGE Publications.
17. Crenshaw, K. (1991). Mapping the Margins: Intersectionality, Identity Politics, and Violence against Women of Color. *Stanford Law Review*, 43(6), 1241-1299.
18. hooks, b. (2000). *All About Love: New Visions*. William Morrow Paperbacks.
19. Turkle, S. (2011). *Alone Together: Why We Expect More from Technology and Less from Each Other [Por que esperamos mais da tecnologia e menos uns dos outros]*. Basic Books.
20. Cacioppo, J. T., Cacioppo, S., & Gonzaga, G. C. (2014). Mecanismos de conexão social: Do cérebro ao comportamento. Em M. Mikulincer & P. R. Shaver (Eds.), *Mecanismos de conexão social: Do cérebro ao comportamento* (pp. 133-148). Associação Americana de Psicologia.

Capítulo -18. Papel do MHC e das feromonas no amor

1. Introdução ao papel do MHC e das feromonas no amor

Os fundamentos biológicos do amor e da atração há muito que intrigam os cientistas, levando a investigações sobre o papel do Complexo Principal de Histocompatibilidade (MHC) e das feromonas. Pensa-se que estes elementos contribuem para os mecanismos complexos subjacentes à seleção do parceiro, à atração e à satisfação na relação. A compreensão da forma como o MHC e as feromonas influenciam o comportamento humano permite compreender os aspectos evolutivos e neurobiológicos do amor.

2. Compreender o Complexo Principal de Histocompatibilidade (MHC)

2.1. Genética e função do MHC

O Complexo Principal de Histocompatibilidade (MHC) é um conjunto de genes localizados no cromossoma 6 que desempenham um papel crucial no sistema imunitário, apresentando antigénios peptídicos às células T, iniciando assim uma resposta imunitária (Janeway et al., 2001). Os genes MHC são altamente polimórficos, o que significa que existe uma variabilidade significativa entre indivíduos, que se pensa influenciar a seleção de parceiros com base na compatibilidade do sistema imunitário.

2.2. Importância do MHC no sistema imunitário

As moléculas MHC são essenciais para que o sistema imunitário reconheça e responda aos agentes patogénicos. A diversidade de genes do MHC numa população aumenta a probabilidade de resistência a várias doenças, tornando a compatibilidade do MHC um fator crítico para a aptidão evolutiva. Também se supõe que esta diversidade desempenha um papel na seleção de parceiros, onde os indivíduos podem subconscientemente preferir parceiros com diferentes alelos MHC para aumentar a competência imunitária da sua descendência (Penn & Potts, 1999).

3. Feromonas: Mensageiros químicos da natureza

As feromonas são substâncias químicas segregadas pelos animais, incluindo os seres humanos, que desencadeiam comportamentos sociais e reprodutivos em outros da mesma espécie. Estes sinais químicos são detectados através do sistema olfativo e têm demonstrado influenciar a atração, o comportamento sexual e a criação de laços (Grammer et al., 2005). Nos seres humanos, pensa-se que as feromonas contribuem para as fases iniciais da atração romântica.

4. Bases biológicas da atração e do amor

A atração é um processo complexo influenciado por uma combinação de sinais visuais, auditivos, olfactivos e químicos. A compatibilidade do MHC e as feromonas fazem parte deste sistema multifacetado, com provas que sugerem que os seres humanos podem ser subconscientemente atraídos por potenciais parceiros com genes MHC complementares e perfis feromonais apelativos (Wedekind et al., 1995). Pensa-se que esta atração aumenta o sucesso reprodutivo e a saúde da futura descendência.

5. MHC e feromonas na seleção do parceiro

A investigação demonstrou que a compatibilidade do MHC pode influenciar a escolha do parceiro, preferindo muitas vezes os indivíduos parceiros com alelos MHC diferentes. Pensa-se que esta preferência é mediada por feromonas, que transmitem informações sobre o genótipo MHC de um indivíduo através do odor corporal. Estudos demonstraram que as mulheres, particularmente quando não usam contraceptivos hormonais, tendem a preferir o cheiro de homens com alelos MHC diferentes, sugerindo que as pistas olfactivas baseadas no MHC desempenham um papel na seleção do parceiro (Wedekind & Furi, 1997).

6. A Ciência do
Olfato **e da Atração**

As pistas olfactivas, incluindo as feromonas, são parte integrante da ciência da atração. O sistema olfativo humano consegue detetar diferenças subtis no odor corporal, que podem estar relacionadas com a composição genética de um indivíduo, incluindo o seu perfil MHC. Estes sinais olfactivos são processados no sistema límbico do cérebro, que está envolvido na emoção e na memória, influenciando assim os sentimentos de atração e desejo (Doty, 2010).

7. Estudos de investigação sobre o MHC e as feromonas no amor

Numerosos estudos exploraram a relação entre o MHC, as feromonas e a atração. Por exemplo, o estudo da "T-shirt suada" realizado por Wedekind et al. (1995) revelou que as mulheres preferiam o cheiro das T-shirts usadas por homens com alelos MHC diferentes dos seus. Outros estudos apoiaram estes resultados, sugerindo que as preferências de odor baseadas no MHC podem influenciar a seleção de parceiros humanos e a atração sexual.

8. Perspectivas evolutivas sobre o MHC e as feromonas no amor

De um ponto de vista evolutivo, pensa-se que a preferência por parceiros com MHC diferente promove a diversidade genética e melhora a função imunitária da descendência. Este mecanismo de seleção aumenta a probabilidade de sobrevivência e de sucesso reprodutivo, uma vez que favorece a propagação de genes que proporcionam uma maior resistência a doenças (Penn & Potts, 1999). As feromonas, enquanto sinais químicos, também desempenham um papel nesta estratégia evolutiva, facilitando o reconhecimento e a seleção dos parceiros.

9. Impacto do MHC e das feromonas na satisfação da relação

A compatibilidade do MHC e a atração feromonal também podem influenciar a satisfação e a estabilidade da relação. Alguns estudos sugerem que os casais com perfis MHC complementares registam uma maior satisfação sexual e uma harmonia geral na relação (Garver-Apgar et al., 2006). A congruência entre os perfis MHC dos parceiros e os sinais feromonais pode contribuir para uma ligação mais forte e uma relação mais satisfatória.

10. Implicações práticas e aplicações da investigação sobre o MHC e as feromonas no amor e nas relações

A compreensão do papel do MHC e das feromonas no amor e na atração tem implicações práticas em áreas como o aconselhamento de relações, o casamento e a saúde reprodutiva. Por exemplo, os conhecimentos adquiridos com esta investigação podem informar estratégias para aumentar a satisfação numa relação ou orientar decisões na reprodução assistida para maximizar a compatibilidade genética. Além disso, a indústria das fragrâncias poderia aproveitar os conhecimentos sobre as feromonas para criar aromas que aumentem a atração.

11. Desafios e controvérsias na investigação do MHC e
das fer**omonas**

Apesar das descobertas significativas, o estudo do MHC e das feromonas no amor não está isento de desafios e controvérsias. Alguns investigadores questionam até que ponto o MHC e as feromonas influenciam o comportamento humano, argumentando que os factores culturais, sociais e psicológicos também desempenham papéis cruciais. Além disso, a dificuldade em isolar e identificar feromonas humanas específicas levou a um debate sobre o seu significado na atração humana (Wyatt, 2015).

12. Direcções futuras e tendências emergentes nos estudos do MHC e das feromonas

A investigação futura nos estudos do MHC e das feromonas pode centrar-se na identificação de feromonas específicas envolvidas na atração humana, na exploração do papel do MHC na satisfação das relações a longo prazo e na análise da interação entre factores genéticos e ambientais na seleção do parceiro. Os avanços nas tecnologias genómicas e de neuroimagiologia poderão fornecer conhecimentos mais profundos sobre os mecanismos biológicos subjacentes ao amor e à atração, conduzindo a novas aplicações na medicina, na psicologia e no aconselhamento de relações.

13. Conclusão

O papel do MHC e das feromonas no amor é uma área de investigação fascinante que faz a ponte entre a genética, a neurociência e a biologia evolutiva. Embora já se tenha aprendido muito sobre a forma como estes factores influenciam a seleção e a atração do parceiro, a investigação em curso continua a revelar as complexidades das relações humanas. Compreender a base biológica do amor não só aprofunda o nosso conhecimento do comportamento humano, como também oferece aplicações práticas para aumentar a satisfação e o bem-estar das relações.

Referências

1. Janeway, C. A., Travers, P., Walport, M., & Shlomchik, M. J. (2001). *Immunobiology: The Immune System in Health and Disease* (5.ª ed.). Garland Science.
2. Penn, D. J., & Potts, W. K. (1999). The Evolution of Mating Preferences and Major Histocompatibility Complex Genes (A Evolução das Preferências de Acasalamento e dos Principais Genes do Complexo de Histocompatibilidade). *The American Naturalist*, 153(2), 145-164.
3. Grammer, K., Fink, B., & Neave, N. (2005). Human Pheromones and Sexual Attraction (Feromonas humanas e atração sexual). *European Journal of Obstetrics & Gynecology and Reproductive Biology*, 118(2), 135-142.
4. Wedekind, C., Seebeck, T., Bettens, F., & Paepke, A. J. (1995). MHC-Dependent Mate Preferences in Humans. *Proceedings of the Royal Society B: Biological Sciences*, 260(1359), 245-249.
5. Wedekind, C., & Füri, S. (1997). Preferências de odor corporal em homens e mulheres: Será que visam combinações específicas de MHC ou simplesmente a heterozigotia? *Proceedings of the Royal Society B: Biological Sciences*, 264(1387), 1471-1479.
6. Doty, R. L. (2010). *O Grande Mito da Feromona.* Imprensa da Universidade Johns Hopkins.

7. Garver-Apgar, C. E., Gangestad, S. W., Thornhill, R., Miller, R. D., & Olp, J. J. (2006). Major Histocompatibility Complex Alleles, Sexual Responsivity, and Unfaithfulness in Romantic Couples. *Psychological Science*, 17(10), 830-835.
8. Wyatt, T. D. (2015). A busca por feromonas humanas: As Décadas Perdidas e a Necessidade de Retornar aos Primeiros Princípios. *Proceedings of the Royal Society B: Biological Sciences*, 282(1804), 20142994.

Capítulo 19 - Explorando a influência do Kamasutra nas práticas amorosas modernas

1. Introdução

1.1. Antecedentes e significado

O *Kamasutra*, um antigo texto indiano atribuído a Vatsyayana, é um dos mais famosos tratados sobre a sexualidade humana, as relações e o amor. Composto entre os séculos III e V d.C., o texto aborda vários aspectos do amor, do prazer e da arte de viver. Embora muitas vezes seja visto como um mero manual de posições sexuais, o *Kamasutra* é muito mais abrangente, cobrindo as dimensões éticas, sociais e filosóficas das relações humanas (Doniger & Kakar, 2002). A sua influência nas práticas amorosas modernas é inegável, com as culturas oriental e ocidental a inspirarem-se nos seus ensinamentos.

1.2. Objetivo do estudo

O objetivo deste estudo é explorar até que ponto o *Kamasutra* influenciou as práticas de amor modernas. Esta investigação examinará a forma como os princípios do texto foram transmitidos, adaptados e integrados nas práticas sexuais contemporâneas e na dinâmica das relações. O estudo visa fornecer uma compreensão abrangente da relevância *do Kamasutra* no mundo atual, particularmente na formação de atitudes modernas em relação ao amor, ao sexo e às relações.

1.3. Âmbito e limitações

Este estudo centrar-se-á na influência do *Kamasutra* nos contextos oriental e ocidental, examinando a sua transmissão histórica, receção cultural e aplicações contemporâneas. O âmbito será limitado à análise do impacto do texto nas práticas sexuais, na dinâmica dos géneros e nas percepções culturais do amor. No entanto, o estudo não se debruçará sobre todas as interpretações ou adaptações possíveis do *Kamasutra*, reconhecendo as limitações colocadas pela natureza diversa e evolutiva da receção do texto em diferentes culturas e períodos de tempo.

2. Contexto histórico do Kamasutra

2.1. Origens e autoria

O *Kamasutra* é tradicionalmente atribuído ao sábio indiano Vatsyayana, que se acredita ter compilado o texto durante o período Gupta, uma época de grande florescimento cultural e intelectual na Índia (Doniger & Kakar, 2002). O texto pertence ao género de literatura *shastra*, que engloba vários tratados sobre arte, ética, política e outros aspectos da vida. O *Kamasutra* aborda especificamente *kama* (prazer), um dos quatro objectivos da vida na filosofia hindu, juntamente com *dharma* (dever), *artha* (riqueza) e *moksha* (libertação) (Lidke, 2005).

2.2. Conceitos e princípios fundamentais

O *Kamasutra* está estruturado em sete livros, cada um tratando de diferentes aspectos do amor, do comportamento sexual e da etiqueta social. Aborda temas como o namoro, o casamento, as relações extraconjugais e várias técnicas sexuais. É importante salientar que o texto enfatiza o respeito mútuo, o consentimento e a importância do prazer para ambos os parceiros numa relação. O *Kamasutra* também fornece orientações sobre como viver harmoniosamente dentro das restrições da sociedade, reflectindo as normas e valores sociais do seu tempo (Doniger & Kakar, 2002).

3. Transmissão e receção do Kamasutra

3.1. Difusão do texto

O *Kamasutra* permaneceu relativamente obscuro fora da Índia até finais do século XIX, altura em que foi traduzido para inglês por Sir Richard Burton e Forster Fitzgerald Arbuthnot, em 1883. Esta tradução desempenhou um papel crucial ao chamar a atenção do público ocidental para o texto, que foi celebrado pelo seu conteúdo erótico e criticado pela sua natureza explícita (Burton, Arbuthnot, & Vatsyayana, 1883). A disseminação global do *Kamasutra* levou, desde então, a várias interpretações e adaptações, influenciando as práticas sexuais e as atitudes em relação ao amor e aos relacionamentos em diferentes culturas.

3.2. Adaptações e interpretações

Ao longo dos séculos, o *Kamasutra* foi adaptado e interpretado de várias formas, reflectindo os valores culturais e sociais de diferentes épocas. No Ocidente, o texto tem sido frequentemente visto através de uma lente orientalista, com ênfase no seu conteúdo erótico. Este facto levou, por vezes, a uma interpretação restrita do *Kamasutra* como um manual de sexo, ofuscando os seus ensinamentos filosóficos mais amplos (Hawley, 1994). No entanto, as interpretações modernas têm procurado recontextualizar o *Kamasutra* no âmbito de discussões sobre sexualidade, papéis de género e saúde sexual, levando a uma compreensão mais matizada dos seus ensinamentos (Doniger & Kakar, 2002).

4. Impacto nas culturas oriental e ocidental

4.1. Influência nas tradições orientais

Nas culturas orientais, em particular na Índia, o *Kamasutra* teve um impacto duradouro nas visões tradicionais da sexualidade, do casamento e das relações interpessoais. A ênfase do texto no prazer e no respeito mútuos nas relações influenciou as práticas culturais, nomeadamente no contexto dos casamentos combinados e do papel da mulher na sociedade (Lidke, 2005). O *Kamasutra* é também venerado como uma obra de importância literária e filosófica, contribuindo para uma compreensão mais alargada do amor e da sexualidade na cultura indiana.

4.2. Receção no mundo ocidental

O *Kamasutra* foi introduzido no mundo ocidental durante uma época de repressão sexual na Inglaterra vitoriana, o que fez dele um símbolo de exotismo e um desafio às normas sexuais vigentes (Hawley, 1994). Ao longo do tempo, o *Kamasutra* foi adotado como símbolo de libertação sexual, influenciando as práticas sexuais ocidentais, a literatura e a cultura popular. O texto também foi incorporado nos sectores da autoajuda e do bem-estar, onde os seus ensinamentos sobre técnicas sexuais e intimidade são amplamente divulgados (Doniger & Kakar, 2002).

5. Quadros teóricos de análise

5.1. Sexualidade e cultura

Este quadro explora a forma como o *Kamasutra* reflecte e molda as atitudes culturais em relação à sexualidade. Considera como os ensinamentos do texto sobre o amor, o prazer e as relações foram interpretados e adaptados em diferentes contextos culturais, e examina como o *Kamasutra* desafia ou reforça as normas sociais relacionadas com o género, o poder e o comportamento sexual (Lidke, 2005).

5.2. Dinâmicas de género e de poder

A análise das dinâmicas de género e de poder no *Kamasutra* centra-se nos papéis atribuídos a homens e mulheres, tanto nas relações sexuais como nas interações sociais mais amplas. Este quadro aborda as críticas ao texto a partir de perspectivas feministas, considerando a forma como *os* ensinamentos *do Kamasutra* se alinham ou desafiam as visões modernas sobre a igualdade de género e a autonomia sexual (Hawley, 1994). O retrato que o texto faz das mulheres como sujeitos e objectos de desejo suscitou debates sobre as suas implicações nas relações de género contemporâneas.

6. Metodologia

6.1. Conceção da pesquisa

Este estudo emprega uma conceção de pesquisa qualitativa, utilizando análise textual, pesquisa histórica e estudos de caso para explorar a influência do *Kamasutra* nas práticas modernas de fazer amor. A investigação analisará fontes primárias, incluindo traduções do *Kamasutra*, bem como fontes secundárias, como artigos académicos, livros e representações mediáticas.

6.2. Recolha e análise de dados

Os dados serão recolhidos a partir de uma série de fontes, incluindo traduções originais do *Kamasutra* e análises académicas da influência do texto nas práticas sexuais modernas. A análise centrar-se-á na identificação de temas e padrões fundamentais na forma como o *Kamasutra* foi recebido e aplicado em diferentes contextos culturais, com especial ênfase no seu papel na formação de atitudes contemporâneas em relação à sexualidade.

7. Estudos de casos e exemplos

7.1. Exemplos ilustrativos do Kamasutra

Exemplos específicos do *Kamasutra* serão analisados para ilustrar como seus ensinamentos foram integrados às práticas sexuais modernas. Esses exemplos serão comparados com as visões contemporâneas sobre sexualidade, examinando áreas de continuidade e mudança. Por exemplo, a orientação do texto sobre posições e técnicas sexuais tem sido amplamente referenciada na educação sexual moderna e na literatura de autoajuda, enquanto seus ensinamentos filosóficos mais amplos sobre amor e relacionamentos foram reinterpretados para se adequar às normas culturais contemporâneas (Doniger & Kakar, 2002).

8. Aplicações e práticas contemporâneas

8.1.
O *Kamasutra* na cultura popular

O *Kamasutra* tornou-se um ícone cultural, influenciando vários aspectos da cultura popular, incluindo filmes, literatura, arte e moda. A sua representação nos meios de comunicação social e no entretenimento centra-se frequentemente no seu conteúdo sexual, por vezes em detrimento dos seus ensinamentos filosóficos mais amplos. Esta secção explorará a forma como o *Kamasutra* é representado na cultura popular moderna e o seu impacto nas visões contemporâneas do amor e do sexo (Hawley, 1994).

9. Críticas e controvérsias

9.1. Preocupações éticas

O *Kamasutra* tem sido alvo de críticas devido à sua representação dos papéis de género, havendo quem argumente que reforça as normas patriarcais e objectifica as mulheres (Hawley, 1994). Também surgem preocupações éticas devido ao seu conteúdo explícito e ao potencial de má interpretação ou utilização incorrecta em contextos que não têm em conta os seus antecedentes históricos e culturais. Estas críticas realçam a necessidade de uma compreensão diferenciada do *Kamasutra* que tenha em conta o seu contexto cultural e histórico, bem como o seu potencial impacto nas relações de género modernas.

10. Conclusão

10.1. Resumo das conclusões

Este estudo explorou a influência do *Kamasutra* nas práticas modernas de fazer amor, destacando a relevância duradoura do texto e a sua adaptabilidade a diferentes culturas e períodos de tempo. O *Kamasutra* continua a moldar as atitudes contemporâneas em relação à sexualidade e às relações, oferecendo informações valiosas sobre as dimensões culturais e filosóficas do amor e do prazer.

10.2. Implicações para a investigação e a prática

As conclusões deste estudo têm implicações importantes para académicos, educadores e profissionais das áreas dos estudos da sexualidade, da história cultural e dos estudos de género. O *Kamasutra* é uma fonte rica de conhecimentos para compreender as complexidades das relações humanas e as formas como os textos culturais podem influenciar as práticas modernas. A investigação futura poderá explorar melhor *o* papel *do Kamasutra* nos debates contemporâneos sobre ética sexual, igualdade de género e identidade cultural.

Referências

1. Doniger, W., & Kakar, S. (2002). *Kamasutra* (Edição revista). Oxford University Press.
2. Burton, R. F., Arbuthnot, F. F., & Vatsyayana. (1883). *O Kama Sutra de Vatsyayana* (Traduzido do Sânscrito). Sociedade Kama Shastra.
3. Lidke, J. S. (2005). O Kamasutra de Vatsyayana: An Analytical Study of the Text and Its Influence on Indian Society (Um estudo analítico do texto e da sua influência na sociedade indiana). *Journal of South Asian Literature*, 39(1), 105-123.
4. Hawley, J. S. (1994). *Sati, a Bênção e a Maldição: The Burning of Wives in India.* Oxford University Press.

Capítulo 20: Desenvolvimento da metodologia de investigação sobre o amor

1. Introdução à investigação sobre o amor

1.1. Definição de amor num contexto de investigação

O amor, uma experiência multifacetada e profundamente subjectiva, tem sido objeto de investigação em várias disciplinas, incluindo a psicologia, a sociologia e a antropologia. Definir o amor num contexto de investigação implica conceptualizá-lo como uma emoção complexa que engloba a ligação, a intimidade, a paixão e o compromisso (Sternberg, 1986). Os investigadores distinguem frequentemente entre diferentes tipos de amor, como o amor romântico, o amor platónico e o amor compassivo, para desenvolver definições operacionais que possam ser sistematicamente estudadas (Hatfield & Rapson, 1993).

2. Perspectivas históricas da investigação sobre o amor

2.1. Perspectivas antigas e medievais sobre o amor

As perspectivas históricas sobre o amor fornecem uma base para a investigação moderna, salientando a evolução dos conceitos de amor. Os antigos filósofos gregos, como Platão e Aristóteles, teorizaram sobre o amor em termos de eros (amor romântico), philia (amizade) e ágape (amor altruísta). Durante o período medieval, o amor cortês e a devoção religiosa influenciaram a visão da sociedade sobre o amor romântico e espiritual (de Rougemont, 1940). Estas ideias históricas lançaram as bases para investigações científicas posteriores sobre a natureza e a dinâmica do amor.

3. Quadros teóricos para a investigação sobre o amor

3.1. Teoria da vinculação e amor

A teoria da vinculação, desenvolvida por John Bowlby (1969) e alargada por Mary Ainsworth (1978), é um dos quadros mais influentes para a compreensão do amor. Esta teoria defende que as primeiras experiências de vinculação com os prestadores de cuidados moldam a capacidade dos indivíduos para formar e manter relações íntimas ao longo da vida. Os investigadores aplicaram a teoria da vinculação ao estudo das relações românticas, explorando o impacto dos estilos de vinculação seguro, ansioso e evitante no amor e na intimidade (Hazan & Shaver, 1987).

4. Métodos de investigação quantitativa em estudos sobre o amor

4.1. Inquéritos e questionários na investigação sobre o amor

Os métodos quantitativos, como os inquéritos e os questionários, são amplamente utilizados para medir vários aspectos do amor, incluindo a satisfação com a relação, o compromisso e a paixão. Instrumentos como a Escala de Atitudes Amorosas (Hendrick & Hendrick, 1986) e a Escala de Amor Apaixonado (Hatfield & Sprecher, 1986) permitem aos investigadores recolher dados de grandes amostras, fornecendo informações sobre a prevalência e as correlações dos diferentes tipos de amor. Estes instrumentos ajudam a quantificar o amor de uma forma que pode ser analisada estatisticamente para identificar padrões e tendências.

5. Métodos de Investigação Qualitativa em Estudos do Amor

5.1. Entrevistas e grupos de discussão na investigação sobre o amor

Os métodos qualitativos, como as entrevistas e os grupos de discussão, fornecem dados ricos e aprofundados sobre as experiências e percepções individuais do amor. Estes métodos são particularmente valiosos para explorar os significados que as pessoas atribuem ao amor, as narrativas que constroem sobre as suas relações e as complexidades emocionais envolvidas. Através da análise qualitativa, os investigadores podem descobrir temas e padrões que podem não ser captados através de medidas quantitativas (Rubin & Rubin, 2012).

6. Abordagens de métodos mistos na investigação sobre o amor

6.1. Combinação de dados qualitativos e quantitativos nos estudos sobre o amor

A investigação com métodos mistos integra abordagens qualitativas e quantitativas, oferecendo uma compreensão mais abrangente do amor. Ao combinar dados numéricos com narrativas pormenorizadas, os investigadores podem explorar as nuances do amor e, ao mesmo tempo, identificar tendências mais amplas. Por exemplo, um estudo pode utilizar inquéritos para quantificar a satisfação com a relação e fazer o acompanhamento com entrevistas para explorar as razões subjacentes a esses níveis de satisfação (Creswell & Plano Clark, 2017).

7. Considerações éticas na investigação sobre o amor

7.1. Consentimento informado e confidencialidade nos estudos sobre o amor

As considerações éticas são cruciais na investigação sobre o amor, especialmente devido à natureza sensível do tema. Os investigadores devem garantir que os participantes dão o seu consentimento informado, compreendendo plenamente o objetivo do estudo, os procedimentos e os riscos potenciais. A confidencialidade é também fundamental, uma vez que os participantes podem revelar informações pessoais e íntimas. As diretrizes éticas exigem que os investigadores protejam a privacidade dos participantes e tratem os dados com cuidado para evitar danos (American Psychological Association, 2017).

8. Perspectivas transculturais na investigação sobre o amor

8.1. Estudos comparativos sobre o amor em diferentes culturas

A investigação transcultural sobre o amor explora a forma como as normas, valores e práticas culturais influenciam a experiência e a expressão do amor. Estudos comparativos demonstraram que, embora o amor seja uma emoção universal, os seus significados e manifestações variam muito consoante as culturas. Por exemplo, as culturas individualistas podem enfatizar o amor apaixonado e a realização pessoal, enquanto as culturas colectivistas podem dar prioridade à aprovação familiar e à harmonia social nas relações (Jankowiak & Fischer, 1992).

9. Abordagens interdisciplinares da investigação sobre o amor

9.1. Perspectivas psicológicas e sociológicas sobre o amor

A investigação sobre o amor beneficia de abordagens interdisciplinares que integram perspectivas psicológicas e sociológicas. Os psicólogos centram-se frequentemente nos aspectos cognitivos e emocionais do amor, como os estilos de vinculação, enquanto os sociólogos examinam os factores sociais e culturais que moldam as relações românticas, como as normas, os rituais e as dinâmicas de poder (Swidler, 2001). Ao combinar os conhecimentos destas disciplinas, os investigadores podem desenvolver uma compreensão mais holística do amor.

10. Tecnologias inovadoras na investigação sobre o amor

10.1. Utilização da realidade virtual nos estudos sobre o amor

As tecnologias inovadoras, como a realidade virtual (RV), estão a abrir novos caminhos para a investigação sobre o amor. A RV permite que os investigadores simulem interações românticas em ambientes
controlados, possibilitando o estudo do amor e da atração de formas que anteriormente eram impossíveis. Por exemplo, a RV pode ser utilizada para investigar a forma como a proximidade física, o contacto visual e a linguagem corporal contribuem para os sentimentos de amor e de ligação (Bailenson, 2018). Estas tecnologias oferecem possibilidades interessantes para a investigação futura.

11. Direcções futuras da investigação sobre o amor

11.1. Tendências emergentes e áreas a explorar

à medida que a investigação sobre o amor continua a evoluir, há várias tendências emergentes que merecem ser exploradas. Estas incluem o impacto da comunicação digital nas relações românticas, o papel da genética e da neurobiologia no amor e as experiências de amor em diversas populações, como as comunidades LGBTQ+. A investigação futura pode também explorar os efeitos a longo prazo do amor na saúde física e mental, bem como as formas como o amor pode contribuir para o bem-estar geral (Reis & Aron, 2008).

Referências

1. Sternberg, R. J. (1986). A triangular theory of love. *Psychological Review, 93*(2), 119-135.
2. Hatfield, E., & Rapson, R. L. (1993). *Love, Sex, and Intimacy: Their Psychology, Biology, and History*. HarperCollins College Publishers.
3. de Rougemont, D. (1940). *O amor no mundo ocidental*. Pantheon Books.
4. Bowlby, J. (1969). *Attachment and Loss: Vol. 1. Attachment*. Basic Books.
5. Ainsworth, M. D. S. (1978). *Patterns of Attachment: A Psychological Study of the Strange Situation*. Lawrence Erlbaum Associates.
6. Hazan, C., & Shaver, P. (1987). Romantic love conceptualized as an attachment process. *Journal of Personality and Social Psychology, 52*(3), 511-524.
7. Hendrick, S. S., & Hendrick, C. (1986). A theory and method of love. *Journal of Personality and Social Psychology, 50*(2), 392-402.
8. Hatfield, E., & Sprecher, S. (1986). Measuring passionate love in intimate relationships. *Journal of Adolescence, 9*(4), 383-410.
9. Rubin, H. J., & Rubin, I. S. (2012). *Entrevista Qualitativa: A Arte de Ouvir Dados* (3ª ed.). SAGE Publications.
10. Creswell, J. W., & Plano Clark, V. L. (2017). *Designing and Conducting Mixed Methods Research* (3ª ed.). Publicações SAGE.
11. Associação Americana de Psicologia. (2017). *Princípios Éticos dos Psicólogos e Código de Conduta*. Recuperado de https://www.apa.org/ethics/code/
12. Jankowiak, W. R., & Fischer, E. F. (1992). A cross-cultural perspective on romantic love. *Ethnology, 31*(2), 149-155.

13. Swidler, A. (2001). *Talk of Love: How Culture Matters*. University of Chicago Press.
14. Bailenson, J. N. (2018). *Experiência sob demanda: What Virtual Reality Is, How It Works, and What It Can Do [O que é a realidade virtual, como funciona e o que pode fazer]*. W.W. Norton & Company.
15. Reis, H. T., & Aron, A. (2008). O amor: What is it, why does it matter, and how does it operate? *Perspectivas em Ciências Psicológicas, 3*(1), 80-86.

Capítulo 21: Neurotransmissores no amor: Uma análise abrangente

1. Introdução aos neurotransmissores e ao amor

1.1. Definição e papel dos neurotransmissores

Os neurotransmissores são mensageiros químicos que transmitem sinais através das sinapses entre os neurónios do cérebro e do sistema nervoso. Desempenham um papel crucial na regulação do humor, das emoções e de vários processos fisiológicos. No contexto do amor, os neurotransmissores são fundamentais para moldar as experiências emocionais e os comportamentos associados às relações românticas.

2. A ciência do amor

2.1. Bases biológicas do amor

O amor é um estado emocional complexo que tem uma base biológica significativa. Envolve uma série de processos fisiológicos e psicológicos mediados por vários neurotransmissores. A perspetiva biológica do amor enfatiza a interação entre sistemas genéticos, hormonais e neurotransmissores que contribuem para a experiência do amor.

3. Principais neurotransmissores envolvidos no amor

3.1. Dopamina

A dopamina é frequentemente associada aos sistemas de prazer e de recompensa do cérebro. Durante as primeiras fases do amor romântico, os níveis elevados de dopamina contribuem para sentimentos de euforia, excitação e motivação para procurar a presença da pessoa amada (Aron et al., 2005).

3.2. Serotonina

A serotonina influencia o humor e a estabilidade emocional. No contexto do amor, os níveis de serotonina podem flutuar, contribuindo para os pensamentos obsessivos e para a preocupação intensa com um parceiro romântico, comummente experimentados nas fases iniciais de uma relação (Marazziti et al., 1999).

3.3. Oxitocina

A oxitocina, frequentemente designada por "hormona do amor", é crucial para a ligação social, a confiança e a vinculação. Promove sentimentos de proximidade e intimidade emocional, desempenhando um papel significativo na formação e manutenção de relações românticas (Carter, 1998).

3.4. Vasopressina

A vasopressina está envolvida no comportamento social, na ligação entre pares e na territorialidade. Está ligada à formação de ligações e compromissos a longo prazo nas relações românticas, particularmente nos homens (Young et al., 2001).

4. Funções dos neurotransmissores no amor

4.1. Recompensa e prazer

A dopamina e as endorfinas são neurotransmissores-chave envolvidos nos sistemas de recompensa e prazer do cérebro. Aumentam os sentimentos de alegria e satisfação quando se interage com um parceiro romântico, reforçando os comportamentos positivos e as experiências emocionais (Kringelbach & Berridge, 2009).

4.2. Fixação e ligação

A oxitocina e a vasopressina facilitam a ligação e a vinculação, promovendo a confiança e a proximidade emocional. Estes neurotransmissores são essenciais para desenvolver uma ligação emocional profunda e manter relações românticas a longo prazo (Carter, 1998; Young et al., 2001).

5. O papel dos neurotransmissores nas relações românticas

5.1. Atração inicial

Durante a fase inicial de atração, o aumento dos níveis de dopamina contribui para sentimentos de excitação e paixão. Esta fase é caracterizada por elevados níveis de energia e um forte desejo de passar tempo com o parceiro (Aron et al., 2005).

5.2. Compromisso a longo prazo

À medida que as relações progridem, o papel da oxitocina e da vasopressina torna-se mais proeminente. Estes neurotransmissores apoiam a transição do amor apaixonado para uma relação mais estável e empenhada, promovendo a ligação emocional e a lealdade (Carter, 1998; Young et al., 2001).

6. Neurotransmissores e separações

6.1. Impacto das alterações dos neurotransmissores

As rupturas podem provocar alterações significativas nos níveis de neurotransmissores, nomeadamente reduções da dopamina e da serotonina, o que pode contribuir para os sintomas de depressão e de angústia emocional. A perturbação do equilíbrio dos neurotransmissores pode afetar o humor, o sono e o bem-estar mental geral (Monroe et al., 2001).

7. Amor e saúde mental

7.1. Neurotransmissores e bem-estar mental

O equilíbrio dos neurotransmissores é crucial para manter a saúde mental. As perturbações nos sistemas de neurotransmissores relacionados com o amor podem ter impacto no bem-estar psicológico geral, influenciando condições como a ansiedade, a depressão e o stress (Harmer et al., 2009).

8. Neurotransmissores e amor em diferentes fases da vida

8.1. Adolescência

Durante a adolescência, as alterações nos sistemas de neurotransmissores estão associadas ao desenvolvimento de interesses e relações românticas. As flutuações da dopamina e da serotonina durante este período podem influenciar as experiências emocionais e a dinâmica das relações (Spear, 2000).

8.2. Idade adulta

Na idade adulta, as funções dos neurotransmissores no amor são moldadas por padrões de comportamento estabelecidos e pela dinâmica das relações. O equilíbrio da oxitocina e da vasopressina desempenha um papel crucial na manutenção de relações duradouras e na estabilidade emocional (Carter, 1998).

9. A influência de factores externos sobre os neurotransmissores no amor

9.1. Ambiente social

O ambiente social pode ter impacto nos níveis de neurotransmissores e no seu papel no amor. Factores como o apoio social, a qualidade da relação e as interações sociais podem influenciar o equilíbrio dos neurotransmissores e os seus efeitos nas relações românticas (Uchino et al., 1996).

9.2. Stress e ansiedade

O stress e a ansiedade podem alterar a função dos neurotransmissores, afectando as experiências emocionais e a dinâmica das relações. O stress crónico pode levar a desequilíbrios em neurotransmissores como a serotonina e a dopamina, influenciando as relações românticas e a saúde mental (Kendler et al., 1999).

10. Diferenças de género na resposta dos neurotransmissores ao amor

10.1. Desvios biológicos

A investigação sugere que pode haver diferenças de género nas respostas dos neurotransmissores ao amor. Por exemplo, as mulheres podem ter respostas mais pronunciadas relacionadas com a oxitocina, enquanto os homens podem apresentar comportamentos mais fortes relacionados com a vasopressina. Estas diferenças podem influenciar a dinâmica das relações e os estilos de vinculação (Kendler et al., 1999; Insel & Young, 2001).

11. O futuro da investigação sobre os neurotransmissores no amor

11.1. Avanços tecnológicos

A investigação futura sobre os neurotransmissores no amor beneficiará dos avanços nos estudos de neuroimagem e genéticos. Estas tecnologias melhorarão a nossa compreensão de como os sistemas de neurotransmissores interagem com as experiências emocionais e a dinâmica das relações (Pizzagalli, 2014).

12. Conclusão e implicações para a compreensão do amor e das relações

O estudo dos neurotransmissores no amor fornece informações valiosas sobre os fundamentos biológicos das relações românticas. Ao compreender o papel dos neurotransmissores, podemos compreender melhor a dinâmica do amor, da ligação e do bem-estar emocional. Este conhecimento tem implicações na melhoria da saúde mental e na promoção de relações mais saudáveis.

Referências

t de referências num formato normalizado, organizadas sequencialmente:

1. Aron, A., Fisher, H. E., Mashek, D. J., Brown, L. L., & Brown, D. M. (2005). **Sistemas de recompensa, motivação e emoção associados ao amor romântico intenso em fase inicial.** *Journal of Neurophysiology, 94*(1), 327-337.
2. Carter, C. S. (1998). **Neuroendocrine perspectives on social attachment and love.** *Current Diretions in Psychological Science, 7*(3), 69-73.
3. Harmer, C. J., Goodwin, G. M., & Cowen, P. J. (2009). **Porque é que os antidepressivos demoram várias semanas a fazer efeito?** *Journal of Psychiatry & Neuroscience, 34*(3), 232-241.
4. Insel, T. R., & Young, L. J. (2001). **The neurobiology of attachment.** *Nature Reviews Neuroscience, 2*(2), 129-136.
5. Kendler, K. S., Karkowski, L. M., & Prescott, C. A. (1999). **Causal relationship between stressful life events and the onset of major depression.** *American Journal of Psychiatry, 156*(6), 837-841.
6. Kringelbach, M. L., & Berridge, K. C. (2009). **Towards a functional neuroanatomy of pleasure and happiness (Para uma neuroanatomia funcional do prazer e da felicidade).** *Tendências em Ciências Cognitivas, 13*(11), 479-487.
7. Marazziti, D., Consoli, G., Fagiolini, A., & Cassano, G. B. (1999). **Aumento dos níveis de serotonina na perturbação obsessivo-compulsiva e no amor romântico.** *Journal of Affective Disorders, 56*(1-2), 121-124.
8. Monroe, S. M., & Simons, A. D. (1991). **Teorias de diátese e stress da depressão: A review.** *Psychological Bulletin, 110*(2), 406-425.
9. Pizzagalli, D. A. (2014). **Mecanismos de estresse na fisiopatologia do transtorno depressivo maior: Insights de estudos de neuroimagem.** *Jornal Europeu de Neurociências, 39*(7), 1309-1318.

10. Spear, L. P. (2000). **O cérebro do adolescente e o estudante universitário.** *Developmental Review, 20*(2), 199-210.
11. Uchino, B. N., Cacioppo, J. T., & Kiecolt-Glaser, J. K. (1996). **The relationship between social support and physiological processes: A review with emphasis on underlying mechanisms and implications for health.** *Psychological Bulletin, 119*(3), 488-531.
12. Young, L. J., & Wang, Z. (2004). **The neurobiology of pair bonding.** *Nature Neuroscience, 7*(10), 1048-1054.

Capítulo 22- Os pioneiros da investigação amorosa e os seus contributos

1. Introdução

A investigação sobre o amor abrange várias disciplinas, incluindo a psicologia, a sociologia e a biologia, reflectindo a sua natureza complexa e multifacetada. Os investigadores neste domínio têm dado contributos significativos para a nossa compreensão do amor, desde quadros teóricos a estudos empíricos. Este capítulo destaca os principais investigadores no domínio do amor, descrevendo os seus trabalhos inovadores e o seu impacto na nossa compreensão do amor e das relações.

2. John Bowlby: Teoria da vinculação

John Bowlby (1969) é conhecido pelo seu desenvolvimento da Teoria da Vinculação, que revolucionou a compreensão dos laços afectivos. O trabalho de Bowlby enfatizou a importância das primeiras relações entre bebés e cuidadores na formação de futuras relações interpessoais. A sua teoria postula que as primeiras experiências de vinculação influenciam o desenvolvimento emocional dos indivíduos e os padrões de relacionamento ao longo da vida. A investigação de Bowlby lançou as bases para compreender como os estilos de vinculação - seguro, ansioso, evitante e desorganizado - afectam as relações românticas e familiares.

3. Robert Sternberg: Teoria Triangular do Amor

Robert Sternberg (1986) introduziu a Teoria Triangular do Amor, que continua a ser um dos quadros mais influentes na investigação sobre o amor. A teoria de Sternberg identifica três componentes principais do amor: intimidade, paixão e compromisso. Ele propôs que diferentes combinações desses componentes resultam em vários tipos de amor, como o amor romântico (intimidade e paixão), o amor companheiro (intimidade e compromisso) e o amor consumado (intimidade, paixão e compromisso). Este modelo tem sido fundamental para compreender a dinâmica das relações românticas e a sua evolução ao longo do tempo.

4. John Lee: Teoria das Cores do Amor

John Lee (1973) desenvolveu a Teoria das Cores do Amor, que categoriza o amor em seis estilos distintos: eros (amor romântico), ludus (amor de jogo), storge (amor baseado na amizade), pragma (amor prático), mania (amor obsessivo) e ágape (amor altruísta). A teoria de Lee destaca a diversidade dos estilos de amor e a forma como estes estilos influenciam a satisfação e a estabilidade da relação. O seu trabalho proporcionou uma compreensão matizada da forma como diferentes indivíduos abordam o amor e como essas abordagens afectam as suas relações.

5. Elaine Hatfield e Richard Rapson: Amor apaixonado e companheirismo

Elaine Hatfield e Richard Rapson (1993) deram contributos significativos ao distinguirem entre amor apaixonado e amor companheiro. O amor apaixonado é caracterizado por emoções intensas, desejo e atração física, enquanto o amor companheiro envolve afeto profundo, confiança e compromisso. A sua investigação explorou a forma como estes tipos de amor interagem e contribuem para a dinâmica das relações ao longo do tempo.

Esta diferenciação tem sido crucial para compreender a progressão e a manutenção das relações românticas.

6. Helen Fisher: Perspectivas Neurobiológicas e Evolutivas

Helen Fisher (2004, 2006) tem dado contributos notáveis para o estudo do amor através da exploração dos seus fundamentos neurobiológicos e evolutivos. A investigação de Fisher centrou-se nos sistemas cerebrais associados ao amor romântico, em particular nos papéis da dopamina, da serotonina e da oxitocina. O seu trabalho revelou a forma como estes neuroquímicos influenciam o amor e a ligação, fornecendo informações sobre a base biológica das relações românticas. A perspetiva evolutiva de Fisher também realça a forma como o amor se adaptou para promover a seleção de parceiros e a ligação entre pares.

7. Sherry Turkle: Tecnologia e Amor

Sherry Turkle (2011) tem explorado o impacto da tecnologia nas relações humanas, incluindo o amor. A sua investigação examina a forma como a comunicação digital e os meios de comunicação social influenciam as relações românticas e platónicas. O trabalho de Turkle destaca tanto as oportunidades como os desafios colocados pela tecnologia na manutenção e desenvolvimento das relações, incluindo questões relacionadas com a intimidade, a privacidade e a autenticidade. As suas ideias são cada vez mais relevantes numa era em que a tecnologia molda profundamente a forma como as pessoas se relacionam e vivem o amor.

8. O futuro da investigação sobre o amor

Os contributos destes investigadores moldaram profundamente o campo da investigação sobre o amor, fornecendo conhecimentos valiosos sobre os aspectos psicológicos, biológicos e socioculturais do amor. A investigação futura continuará a assentar nestas bases, explorando tendências emergentes como os efeitos da inteligência artificial nas relações, o papel da realidade virtual nas interações românticas e a intersecção do amor com questões de justiça social. Os avanços tecnológicos e a evolução das normas sociais conduzirão a novas investigações e aprofundarão a nossa compreensão do amor nos contextos contemporâneos.

9. Conclusão

O estudo do amor é um campo rico e em evolução, com investigadores como John Bowlby, Robert Sternberg, John Lee, Elaine Hatfield, Richard Rapson, Helen Fisher e Sherry Turkle a darem contributos fundamentais. O seu trabalho proporcionou uma compreensão abrangente das dimensões psicológica, biológica e sociocultural do amor. À medida que o campo avança, a investigação em curso continuará a iluminar as complexidades do amor e o seu impacto nas relações humanas.

Referências

- Bowlby, J. (1969). *Attachment and Loss: Volume I. Attachment*. Basic Books.
- Fisher, H. E. (2004). *Why We Love: The Nature and Chemistry of Romantic Love*. Henry Holt and Co.

- Fisher, H. E. (2006). *Sistemas cerebrais para a escolha do parceiro. NeuroReport, 17*(4), 369-377.
- Hatfield, E., & Rapson, R. L. (1993). *Love and Intimacy: The Science of Romantic Relationships*. University of Cambridge Press.
- Lee, J. A. (1973). *The Colors of Love: An Exploration of the Ways of Loving (Uma Exploração das Formas de Amar*). New Press.
- Sternberg, R. J. (1986). *A Triangular Theory of Love. Psychological Review, 93*(2), 119-135.
- Turkle, S. (2011). *Alone Together: Why We Expect More from Technology and Less from Each Other [Por que esperamos mais da tecnologia e menos uns dos outros*]. Basic Books.

MIX
Papier aus verantwortungsvollen Quellen
Paper from responsible sources
FSC® C105338

Printed by Books on Demand GmbH, Norderstedt / Germany